2012年度
中国水利信息化
发展报告

水利部信息化工作领导小组办公室　编著

中国水利水电出版社
www.waterpub.com.cn

内 容 提 要

本书在对2012年度全国水利信息化发展情况调查与统计的基础上，进行了分析与评价，提出了全国水利信息化在“十二五”国民经济和社会发展开端之年的基础上，从重点推进基础设施和业务应用建设阶段全面进入到“夯实基础设施、推进资源整合，坚持需求牵引、提升应用水平，注重运行维护、确保安全应用，强化行业管理、促进平衡发展”的新阶段的结论。

本书主要面对从事水利信息化工作的人员，也可供相关研究机构和高等院校作为科研和教学参考。

图书在版编目（CIP）数据

2012年度中国水利信息化发展报告 / 水利部信息化工作领导小组办公室编著. -- 北京 : 中国水利水电出版社, 2013.11
ISBN 978-7-5170-1400-3

Ⅰ. ①2… Ⅱ. ①水… Ⅲ. ①水利工程－信息化－研究报告－中国－2012 Ⅳ. ①TV-39

中国版本图书馆CIP数据核字(2013)第268279号

书 名	**2012年度中国水利信息化发展报告**
作 者	水利部信息化工作领导小组办公室 编著
出版发行	中国水利水电出版社 (北京市海淀区玉渊潭南路1号D座 100038) 网址：www.waterpub.com.cn E-mail：sales@waterpub.com.cn 电话：(010) 68367658（发行部）
经 售	北京科水图书销售中心（零售） 电话：(010) 88383994、63202643、68545874 全国各地新华书店和相关出版物销售网点
排 版	中国水利水电出版社微机排版中心
印 刷	北京市北中印刷厂
规 格	210mm×285mm 16开本 7印张 212千字
版 次	2013年11月第1版 2013年11月第1次印刷
印 数	0001—2000册
定 价	**36.00**元

编委会成员

前 言

2012年，全国水利信息化在“十二五”国民经济和社会发展开端之年的基础上，从重点推进基础设施和业务应用建设阶段全面进入到“夯实基础设施、推进资源整合，坚持需求牵引、提升应用水平，注重运行维护、确保安全应用，强化行业管理、促进平衡发展”的新阶段。

2012年度全国水利信息化发展状况的统计范围与2011年度相同，仍为水利部机关及其在京直属单位、流域机构及其直属单位、各省级和计划单列市水行政主管部门及其直属单位（不包括香港、澳门和台湾地区）。为了与2011年度在资料与体系上保持一致，根据水利部《水利信息化顶层设计》，2012年度的调查内容与2011年基本相同，仍然以水利信息化综合体系的“三大部分”为基础，按水利信息化顶层设计的“五个管理分类”进行指标分类，调查内容包括“水利信息化保障环境”“水利信息系统运行环境”“信息采集与工程监控体系”“资源共享服务体系”和“综合业务应用体系”五个方面。

根据确定的调查统计范围，2012年度应填报水利信息化发展调查表的单位共计45家，即水利部机关（含其在京直属单位），7个流域机构，31个省级水行政主管部门，5个计划单列市水行政主管部门和新疆生产建设兵团水利局。

资料统计分析分为水利部及其在京直属单位、各流域机构及其直属单位、省级水行政主管部门及其直属单位三个层次（这三个层次以下合称“省级以上水利部门”，即不含地市级及其以下单位）。在数据汇总分析过程中，统计地方指标时，计划单列市的数据不重复计入各所在省，新疆维吾尔自治区与新疆生产建设兵团按两个地方部门分别统计。

本书的编制完成，得到水利部领导和部各司局的关心与大力支持，得到水利部在京直属单位、各流域机构和全国各省级及计划单列市水行政主管部门的大力支持与配合。各资料提供单位的信息化工作部门为此付出了艰辛的劳动。水利部水利信息中心和河海大学水信息学研究所承担本报告编制工作的专家和技术人员，为报告的出版作出了不可替代的重要贡献，在此一并表示感谢。

由于各方面的原因，书中一定存在一些不足，敬请读者批评指正。

水利部信息化工作领导小组办公室

2013年10月

目录

一、综　述

2012年是实施水利发展“十二五”规划承前启后的关键一年，也是全国水利信息化事业迅猛发展的一年，水利信息化建设已经进入了新的发展阶段。

2012年5月3日，水利部印发《全国水利信息化发展“十二五”规划》，明确了“十二五”水利信息化发展目标，并全面部署了“十二五”期间水利信息化发展任务，是“十二五”期间全国水利信息化发展的纲领性文件和行动指南。2012年5月，国家发展和改革委员会印发《“十二五”国家政务信息化工程建设规划》，这是继2002年中办国办印发《关于我国电子政务建设指导意见》十年后出台的加强电子政务建设的又一重要文件，提出了两网、五库、七大信息安全基础设施、十五个重要信息系统的重点任务。2012年6月，国务院印发《关于大力推进信息化发展和切实保障信息安全的若干意见》，提出要以促进资源优化配置为着力点，加快建设下一代信息基础设施，推动信息化和工业化深度融合，全面提高经济社会信息化发展水平；要坚持积极利用、科学发展、依法管理、确保安全，加强统筹协调和顶层设计，切实增强信息安全保障能力；要努力实现重点领域信息化水平明显提高、下一代信息基础设施初步建成、信息产业转型升级取得突破和国家信息安全保障体系基本形成四项目标。上述规划及政策的发布与实施，既为全国水利信息化发展提供了难得的机遇，又提出了更高的要求，并为进一步的发展指明了方向。

2012年全国水利信息化工作继续坚持“五个统一”（统一技术标准、统一运行环境、统一安全保障、统一数据中心、统一门户）和“五个转变”（从局部单一发展向整体全面推进转变、从信息技术驱动向应用需求带动转变、从信息资源分散使用向共享利用转变、从片面强调建设向建设与管理并重转变、从注重应用向统筹应用和安全管理转变），继续落实顶层设计。《国家水资源监控能力建设项目管理办法》已由水利部、财政部联合印发执行。国家防汛抗旱指挥系统二期工程初步设计即将完成，全国水土保持监测网络和信息系统、全国水库移民后期扶持管理信息系统、全国山洪灾害防治县级非工程措施和中小河流水文监测系统建设等其他重点工程也在积极推进，全国水利信息化正呈现前所未有的全面快速发展态势，从各分类统计的结果看，2012年度全国各项水利信息化工作和发展指标均取得了显著的进展。

2012年度中国水利信息化发展报告的基础数据调查和现状统计分析，延续2011年度的“水利信息化保障环境”“水利信息系统运行环境”“信息采集与工程监控体系”“资源共享服务体系”和“综合业务应用体系”五个分类。为保障资料的连续性，统计范围仍保持为水利部机关及其在京直属单位（以下简称“水利部”）、各流域机构机关及其直属单位（以下简称“流域机构”）和各省（自治区、直辖市）水行政主管部门及其直属单位（以下简称“省级水利部门”）等40家单位和5个计划单列市。其中，新疆维吾尔自治区水利厅与新疆生产建设兵团水利局单列为两个省级水行政主管部门。由于各计划单列市的数据已经统计入所属省级水行政主管部门，因此，各类统计表中，只统计水利部、流域机构和省级水利部门（合称“省级以上水利部门”），计划单列市的相关统计数据在附录6中列出。

由于海南省水务厅和西藏自治区水利厅没有按要求提供2012年度发展调查表，为保障数据的一致性，在进行全国规模的静态数据统计时，使用了这两个单位2011年度的数据。以下是全国水利信息化2012年度发展状况分类统计的总体情况。

（一）水利信息化保障环境

截至 2012 年末，在省级以上水利部门中，已有 35 家单位成立了信息化工作领导小组和办公室；信息化从业人员 2722 人；年度新建项目除水资源监控能力建设、中小河流水文监测和山洪灾害防治县级非工程措施（以下简称“三大项目”）项目以外的计划投资总额 104644.94 万元（不含在水利工程投资中包含的信息化建设投资）。在三大项目 2012 年度计划投资中：中小河流水文监测项目总投资 42 亿元（其中中央投资 28 亿元）；山洪灾害防治项目中央投资 41.38 亿元，地方配套投资 12.5 亿元；水资源监控能力建设项目中央投资 4.1 亿元，地方配套投资 1.9 亿元，三项计划投资合计 101.88 亿元，但其中包括部分工程建设等非信息化建设投资。年度落实信息化保障及运行维护经费 24250.04 万元；全年共编制各种信息化项目前期工作文档 150 个，新颁布水利信息化技术标准 17 个，发布管理规章制度 30 个；年度信息化专题培训 4814 人次；共有 9 家单位开展了信息化发展评估工作。

（二）水利信息系统运行环境

截至 2012 年末，在省级以上水利部门中，接入水利信息网络（内外网合计）的各种类型 PC 机数量达到 74964 台以上，服务器设备 3273 套，内外网合计人均拥有联网计算机（PC）约 0.96 台，比 2011 年度的 0.91 台略有增长；流域机构与直属单位的外网连通率达到 100%。省级水行政主管部门与所辖地市级水行政主管部门的外网连通率达到 84.94%，与所辖县市级水行政主管部门的外网连通率达到 62.68%。流域机构应连入内网的直属单位连通率达到 43.53%，省级水行政主管部门与所辖地市级水行政主管部门的内网连通率达到 50.62%。省级以上水利部门已配备的各类在线存储设备形成了 2057971.93GB 的存储能力。省级以上水利部门利用自建的系统共组织召开视频会议 1039 次，参加会议人数达到 297886 人次，产生了很好的社会和经济效益。在移动及应急网络建设方面，省级以上水利部门共配备了移动信息终端 6744 台，移动信息采集设备 899 套。在系统运行安全保障设施方面，全国省级以上水利部门的安全保密防护设备数量（内外网合计）已达 1337 个，采用 CA 身份认证的应用系统数量（内外网合计）已达 90 个。内网方面，20 家单位进行了信息系统分级保护改造，16 家单位通过分级保护测评，18 家单位实现统一的安全管理，30 家单位配有本地数据备份系统，8 家单位配有同城异地数据备份系统，5 家单位配有远程异地容灾数据备份系统，31 家单位开展了保密检查，18 家单位开展了应急演练；外网方面，21 家单位进行了信息系统等级保护改造，29 家单位通过等级保护测评，10 家单位实现统一的安全管理，6 家单位配有本地数据备份系统，36 家单位配有同城异地数据备份系统，26 家单位配有远程异地容灾数据备份系统，15 家单位开展保密检查，19 家单位开展应急演练。

（三）信息采集与工程监控体系

截至 2012 年末，省级以上水利部门可接收信息的各类水利信息采集点 105930 处以上，其中自动采集点 63461 处，自动采集点占全部采集点的平均比例达到 59.91%；信息化的工程监控系统 537 个，监控点（包括视频和非视频监控点）总数达 22361 个，其中独立（或移动）点 681 个。

（四）资源共享服务体系

截至 2012 年末，省级以上水利部门正常运行的数据库达 706 个，存储的数据量达到

333528.67GB，平均库存达472.42GB/个。在数据中心建设方面，省级以上水利部门中有11个单位建立了数据中心，数据中心或数据库系统已经部分实现了业务系统联机访问、目录服务、非授权联机查询和下载、授权联机查询和下载、主题服务、数据挖掘和智能分析服务及离线服务等多种信息服务方式，其服务范围基本覆盖了“防汛抗旱指挥与管理、水资源监测与管理、水土保持监测与管理、农村水利综合管理、水利水电工程移民安置与管理、水利电子政务、水利工程建设与管理、水政监察管理、农村水电业务管理、水文业务管理、水利应急管理、水利遥感数据管理与应用、水利普查数据管理与应用和山洪监测数据管理与应用”等14个方面。在门户服务应用方面，有36家单位建立了统一的对外服务门户网站。

（五）综合业务应用体系

截至2012年末，省级以上水利部门均建立了面向社会公众服务的网站，其服务内容包括信息公开目录、机构介绍、政策法规、水利规划、水利统计信息、人事管理、财政预决算、行政事业性收费、依申请公开信息、地区和行业宣传及交流互动版块等。

全国省级以上水利部门在网站公开及介绍的行政许可项数981项，其中能够在网上办理的行政许可项数708项，分别占统计行政许可总项数的94.60%和68.27%。在日常办公信息化方面，有24家单位在本单位内部实现了公文流转无纸化，其中有10家单位在本单位内部、上级领导机关和直属单位间同时实现了公文流转无纸化；正常运行的各类业务应用系统涵盖了“防汛抗旱指挥与管理、水资源监测与管理、水土保持监测与管理、农村水利综合管理、水利水电工程移民安置与管理、水利电子政务、水利工程建设与管理、水政监察管理、农村水电业务管理、水文业务管理、水利应急管理、水利遥感数据管理与应用、水利普查数据管理与应用、山洪监测数据管理与应用”等14项水利行政和业务的主要方面，基本达到了水利业务应用需求的全覆盖。

二、水利信息化保障环境

(一) 前期工作、标准与管理制度

2012年，全国省级以上水利主管部门共编制各种信息化项目前期工作文档150个，新颁布水利信息化技术标准17个，发布管理规章制度30个，详见表2-1。前期工作文档、标准与管理制度总数达197个，与2010年、2011年相比有较明显的增长趋势，详见图2-1，其中2012年前期工作文档、标准与管理制度情况详见图2-2。

表2-1　2012年度标准规范、规章管理制度情况　(单位：个)

分　类	水利部机关	流域小计	地方小计	全国合计
2012年度标准规范	4	1	12	17
2012年度规章管理制度	0	10	20	30

注　流域指水利部所属七个流域机构，地方指省级以上水行政主管部门，下同。

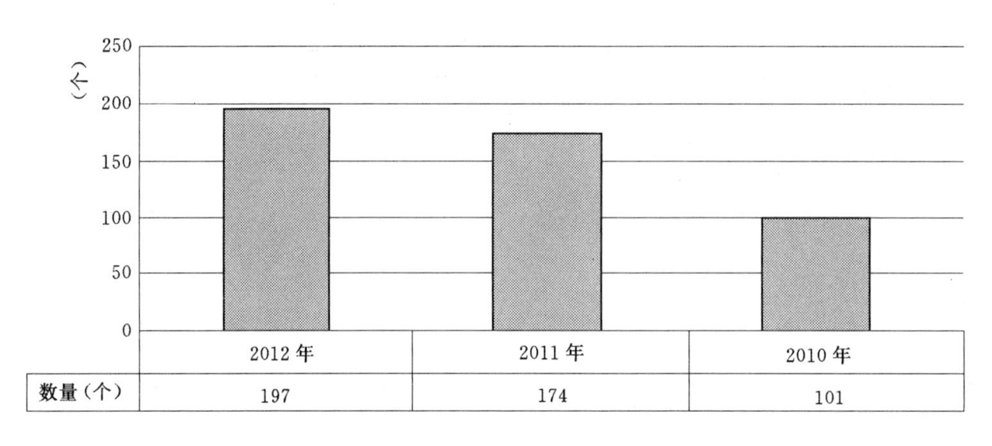

图2-1　2010年、2011年和2012年前期工作文档、标准与管理制度对比图

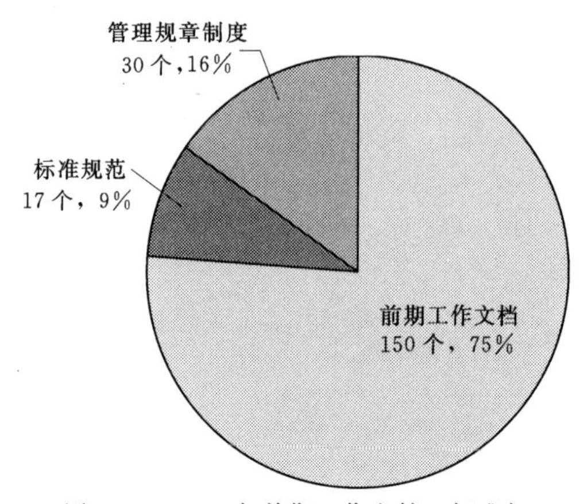

图2-2　2012年前期工作文档、标准与管理制度情况

(二) 运行维护

截至2012年底，全国省级以上水利部门中从事信息系统维护保障工作的人员达1841人，占信息化从业人员总数的67.63%，落实的运行保障经费总额为24250.04万元，其中专项维护经费21377.27万元，较2011年有大幅增长。2012年运行维护人员和经费情况见表2-2。

(三) 项目投资

2012年度省级以上水利部门主持新建的信息化项目

共计190项，较2011年有较大增长，增幅为42.86%，其中，信息化部门参与了133项项目的审批。截止到2012年底，水利信息化新建项目投资总额（不含三大项目）为104644.94万元，与2011年的106081.82万元基本持平，其中由地方水行政主管部门主持的新建项目投资总额所占比例最高，为74.88%，详见表2-3。

表2-2　　2012年运行维护人员和经费情况

分　类	信息系统专职运行维护人员（人）	调查年度到位的运行维护资金	
		总经费（万元）	专项维护经费（万元）
水利部机关	63	3073	3073
流域小计	821	8834.75	8604.75
地方小计	957	12342.29	9699.52
全国合计	1841	24250.04	21377.27

表2-3　　2012年水利信息化新建项目计划投资汇总表（不含三大项目）

	其　中		金额（万元）	所占比例（%）	总额（万元）
2012年全国水利信息化新建项目投资	按投资来源分类	中央投资	52438.81	50.11	104644.94
		地方投资	41686.39	39.84	
		其他投资	10519.74	10.05	
	按主持部门分类	水利部主持的新建项目投资总额	4514.00	4.31	
		流域机构主持的新建项目投资总额	21775.23	20.81	
		地方水利部门主持的新建项目投资总额	78355.71	74.88	

在2012年间，省级以上水利部门主持通过验收的信息化项目共128项，信息化部门同时参与了103项信息化项目的验收，占验收总项目的80%。

（四）机构和人才队伍

从事信息化工作的人员数量在近几年间增长缓慢，如图2-3所示，2012年全国从事信息化工作的人员已达2722人，其中水利部机关、流域机构和地方水利主管部门的人员分布情况详见图2-4。区域分布上东部地区主要从事信息化工作的人员数比中西部多，如图2-5所示。

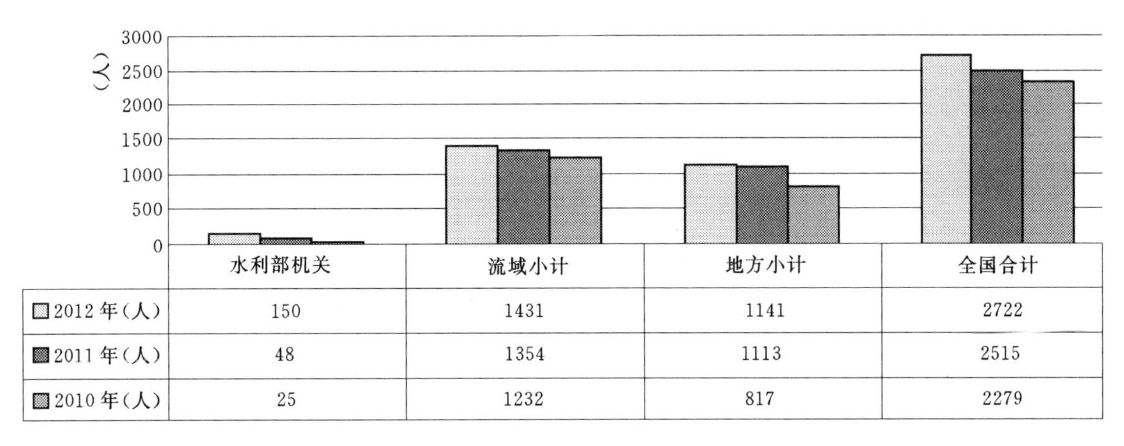

	水利部机关	流域小计	地方小计	全国合计
2012年(人)	150	1431	1141	2722
2011年(人)	48	1354	1113	2515
2010年(人)	25	1232	817	2279

图2-3　2012年、2011年和2010年从事信息化工作的人员情况

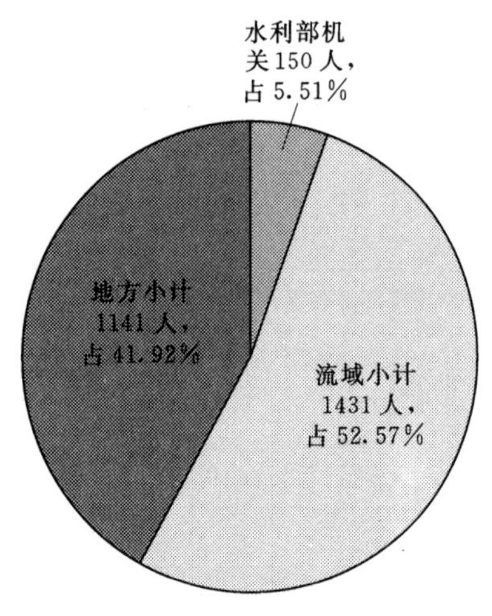

图2-4　水利部机关、流域机构、地方从事信息化工作人员分布图

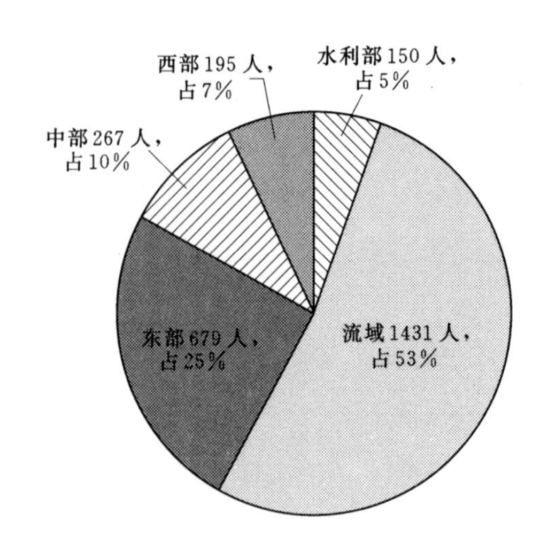

图2-5　全国从事信息化工作人员分布图

（注：东部地区包括北京、天津、河北、辽宁、上海、江苏、浙江、福建、山东、广东和海南；中部地区包括山西、吉林、黑龙江、安徽、江西、河南、湖北和湖南；西部地区包括内蒙古、广西、重庆、四川、贵州、云南、西藏、陕西、甘肃、青海、宁夏、新疆、新疆生产建设兵团，下同。）

（五）信息化发展状况评估工作

2012年，全国省级以上水利部门对本单位或所辖区域开展水利信息化发展状况评估工作的单位仍然比较少，如图2-6所示。每项评估工作开展的单位不超过9家，其中进行辖区内年度水利信息化发展的定量化评估的单位数最低，只有3家，总体上东部地区略好。

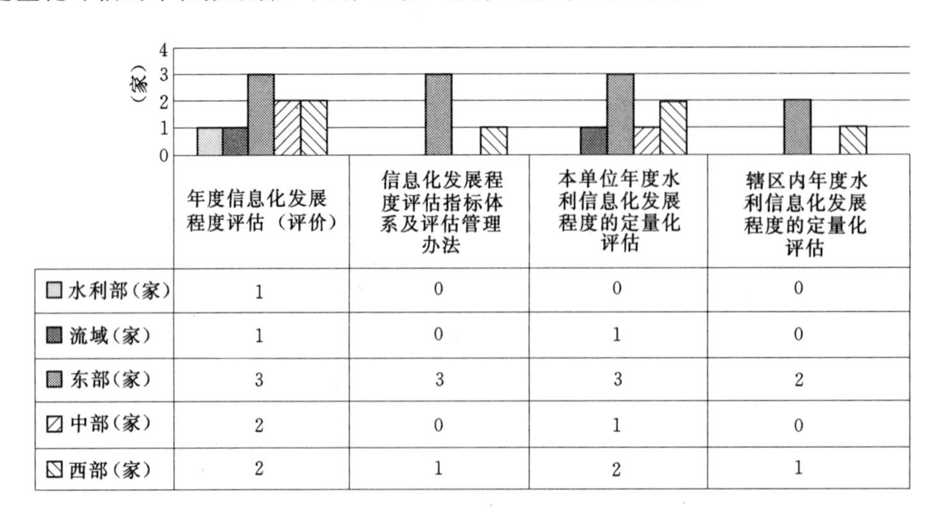

	年度信息化发展程度评估（评价）	信息化发展程度评估指标体系及评估管理办法	本单位年度水利信息化发展程度的定量化评估	辖区内年度水利信息化发展程度的定量化评估
水利部(家)	1	0	0	0
流域(家)	1	0	1	0
东部(家)	3	3	3	2
中部(家)	2	0	1	0
西部(家)	2	1	2	1

图2-6　2012年省级以上水行政主管部门信息化发展状况评估工作开展情况

三、水利信息系统运行环境

（一）水利信息网络

截至2012年底，省级以上水利部门（内外网合计）拥有服务器3273套，联网计算机（PC）（内外网合计）共74964台，内外网合计人均拥有联网计算机（PC）约0.96台，比2011年度的0.91台有所提高。服务器数量较2011年继续增长，其中：内网服务器1202套，内网联网计算机（PC）18649台；外网服务器2071套，外网联网计算机（PC）56315台。地区分布方面，东部地区（内外网合计）服务器和联网计算机仍远远高于中部地区和西部地区，如表3-1所示。

2012年度全国水利信息网络联网计算机和服务器规模与2011年、2010年对比情况如表3-2所示，与2011年相比，服务器增长率最高，为7.21%。

表3-1　2012年度全国水利信息网络联网计算机和服务器规模

分类		内网		外网	
		服务器（套）	联网计算机（台）	服务器（套）	联网计算机（台）
水利部机关		44	502	141	2215
流域小计		133	1367	1020	25310
地方	东部	691	11461	435	15604
	中部	241	3811	230	8897
	西部	93	1508	245	4289
	小计	1025	16780	910	28790
合计		1202	18649	2071	56315

表3-2　2012年、2011年、2010年水利信息网络联网计算机和服务器规模对比

指标名称	2012年	2011年	2010年	较2011年增长率（%）
服务器（套）	3273	3053	2957	7.21
联网计算机（台）	74964	71069	67980	5.48
人均计算机台数（台/人）	0.96	0.91	0.87	5.49

内网建设方面，水利部机关与应连直属单位联通率达到42.86%，较2011年的61.54%有所下降。流域机构与其应连直属单位的平均联通率达到了43.53%，见表3-3。

表3-3　2012年水利部机关、流域机构内网联通情况

单位名称	直属单位						下属单位		
	直属单位（个）	以局域网联入内网的单位（个）	以广域网联入内网的单位（个）	以局域网联入内网的联通率（%）	以广域网联入内网的联通率（%）	联入内网的直属单位联通率（%）	下属单位（个）	已联入内网的下属单位（个）	已联入内网的下属联通率（%）
水利部机关	14	6	0	42.86	0.00	42.86	39	7	17.95
长江水利委员会	19	0	0	0.00	0.00	0.00	19	0	0.00

续表

单位名称	直属单位						下属单位		
	直属单位（个）	以局域网联入内网的单位（个）	以广域网联入内网的单位（个）	以局域网联入内网的联通率（%）	以广域网联入内网的联通率（%）	联入内网的直属单位联通率（%）	下属单位（个）	已联入内网的下属单位（个）	已联入内网的下属联通率（%）
黄河水利委员会	17	0	0	0.00	0.00	0.00	0	0	
淮河水利委员会	9	9	0	100.00	0.00	100.00	0	0	
海河水利委员会	16	12	0	75.00	0.00	75.00	8	0	0.00
珠江水利委员会	10	5	0	50.00	0.00	50.00	8	0	0.00
松辽水利委员会	8	7	0	87.50	0.00	87.50			
太湖流域管理局	6	4	0	66.67	0.00	66.67	5		0.00
流域小计	85	37	0	43.53	0.00	43.53	40	0	0.00

全国省级水行政主管部门与其应连直属单位的平均联通率达到了55.53%，与所辖地市（直辖市的区县计入地市）的内网平均联通率达到50.62%，见表3-4。

表3-4　　2012年省级水行政主管部门内网联通情况

单位名称	直属单位						地（市）县					
	直属单位（个）	以局域网联入内网的直属单位（个）	以广域网联入内网的直属单位（个）	局域网联入联通率（%）	广域网联入联通率（%）	直属单位联通率（%）	地市（个）	已联入内网的地市（个）	联通率（%）	县（市）（个）	已联入内网的县（市）（个）	联通率（%）
北京	34	3	31	8.82	91.18	100.00	16	16	100.00			
天津	27	4	23	14.81	85.19	100.00				10	10	100.00
河北	16	1	7	6.25	43.75	50.00	11	11	100.00	160	94	58.75
山西							11	11	100.00	96	0	0.00
内蒙古	15	0	0	0.00	0.00	0.00	14	0	0.00	101	0	0.00
辽宁	31	8	0	25.81	0.00	25.81	14	0	0.00	98	0	0.00
吉林							10	9	90.00			
黑龙江												
上海	12	2	10	16.67	83.33	100.00	17	17	100.00	0	0	
江苏	9	0	9	0.00	100.00	100.00	13	13	100.00	92	92	100.00
浙江	0	0	0				0	0		0	0	
安徽	19	6	13	31.58	68.42	100.00	16	16	100.00	105	0	0.00
福建	32	22	0	68.75	0.00	68.75	9	9	100.00	84	84	100.00
江西	16	8	8	50.00	50.00	100.00	11	11	100.00	97	97	100.00
山东	10	10	0	100.00	0.00	100.00	17	17	100.00	140	140	100.00
河南	27	3	0	11.11	0.00	11.11	18	0	0.00	159	0	0.00
湖北		1										
湖南	16	3	5	18.75	31.25	50.00	14	14	100.00	123	123	100.00
广东	10		10	0.00	100.00	100.00	3	3	100.00	48	48	100.00
广西	12	9		75.00	0.00	75.00						

续表

单位名称	直属单位						地（市）县					
	直属单位（个）	以局域网联入内网的直属单位（个）	以广域网联入内网的直属单位（个）	局域网联入联通率（%）	广域网联入联通率（%）	直属单位联通率（%）	地市（个）	已联入内网的地市（个）	联通率（%）	县（市）（个）	已联入内网的县（市）（个）	联通率（%）
海南	5	5	0	100.00	0.00	100.00						
重庆	11	9	0	81.82	0.00	81.82	40	0	0.00			
四川	20						21	0	0.00			
贵州												
云南	11	1	1	9.09	9.09	18.18	16	16	100.00	129	21	16.28
西藏												
陕西	16	0	0	0	0	0	11	0		83	0	
甘肃												
青海	13	10	3	76.92	23.08	100.00	8	0	0.00	39	0	0.00
宁夏	38	10	0	26.32	0.00	26.32	5	0	0.00	22	0	0.00
新疆	34	1	2	2.94	5.88	8.82	14	0	0.00	88	0	0.00
兵团	9	8		88.89	0.00	88.89	13		0.00	178.00		0.00
合计	443	124	122	27.99	27.54	55.53	322	163	50.62	1852	709	38.28

注 单位名称中的省份代表该省份水行政主管部门，如北京表示北京市水务局，下同。

在外网建设方面，除水利部机关实现了与部直属单位、流域机构及各省级水行政主管部门间的外网联通外，流域机构与其应联直属单位的外网平均联通率达到100%，与下属单位联通率较低，只有67.39%，详见表3-5。2012年、2011年和2010年流域机构外网联通情况见表3-6。全国省级水行政主管部门与其应联直属单位的外网平均联通率从2011年的72.52%提高到2012年的73.92%，与应联接所辖地市和所辖县市（其中直辖市的区县计入地市，下同）的外网平均联通率分别达到84.94%和62.68%，其中北京、河北、辽宁、上海、江苏、浙江、安徽、福建、江西、山东、河南、湖南、广东、海南、重庆、云南、宁夏共17个单位实现了所辖地市的全连接，见表3-7。

表3-5　2012年水利部机关、流域机构外网联通情况

单位名称	直属单位						下属单位		
	直属单位（个）	以局域网联入外网的单位（个）	以广域网联入外网的单位（个）	以局域网联入外网的联通率（%）	以广域网联入外网的联通率（%）	联入外网的直属单位联通率（%）	下属单位（个）	已联入外网的下属单位（个）	已联入外网的下属联通率（%）
水利部机关	14	6		42.86	0.00	42.86	39	39	100.00
长江水利委员会	19	17	2	89.47	10.53	100.00	19	8	42.11
黄河水利委员会	17	17	0	100.00	0.00	100.00			
淮河水利委员会	14	8	6	57.14	42.86	100.00	1	1	100.00
海河水利委员会	16	12	4	75.00	25.00	100.00	8	8	100.00
珠江水利委员会	10	9	1	90.00	10.00	100.00	8	7	87.50
松辽水利委员会	8	7	1	87.50	12.50	100.00	5	5	100.00
太湖流域管理局	6	4	2	66.67	33.33	100.00	5	2	40.00
流域小计	90	74	16	82.22	17.78	100.00	46	31	67.39

表 3-6　　2012 年、2011 年和 2010 年流域机构外网联通情况

单位名称	直属单位联通率（%）			下属单位联通率（%）		
	2012 年	2011 年	2010 年	2012 年	2011 年	2010 年
长江水利委员会	100.00	100.00	95.00	42.11	95.00	42.11
黄河水利委员会	100.00	100.00	100.00	0.00	100.00	0.00
淮河水利委员会	100.00	100.00	100.00	100.00	100.00	75.00
海河水利委员会	100.00	100.00	100.00	100.00	100.00	100.00
珠江水利委员会	100.00	100.00	100.00	87.50	87.50	100.00
松辽水利委员会	100.00	100.00	100.00	100.00	100.00	0.00
太湖流域管理局	100.00	100.00	100.00	40.00	40.00	60.00

表 3-7　　2012 年省级水行政主管部门外网规模及互联

单位名称	直属单位						地（市）县					
	直属单位（个）	以局域网联入外网的直属单位（个）	以广域网联入外网的直属单位（个）	局域网联入联通率（%）	广域网联入联通率（%）	直属单位联通率（%）	地市数（个）	已联入外网的地市（个）	联通率（%）	县（市）（数）	已联入外网的县（市）（个）	联通率（%）
北京	34	3	31	8.82	91.18	100.00	14	14	100.00	0	0	
天津	27	4	0	14.81	0.00	14.81				10	0	
河北	16	0	16	0.00	100.00	100.00	11	11	100.00	160	94	58.75
山西	56	0	26	0.00	46.43	46.43	11	11	100.00	119	0	0.00
内蒙古	15	8	0	53.33	0.00	53.33	14	0	0.00	101	0	0.00
辽宁	31	20	10	64.52	32.26	96.77	14	14	100.00	98	96	97.96
吉林	27	27	0	100.00	0.00	100.00	9			0	0	
黑龙江	12	2	0	16.67	0.00	16.67	14	14		64	0	0.00
上海	12	2	10	16.67	83.33	100.00	17	17	100.00	230	230	100.00
江苏	23	0	23	0.00	100.00	100.00	13	13	100.00	92	92	100.00
浙江	16	1	9	6.25	56.25	62.50	11	11	100.00	90	90	100.00
安徽	23	6	17	26.09	73.91	100.00	16	16	100.00	105	105	100.00
福建	32	22	10	68.75	31.25	100.00	9	9	100.00	84	84	100.00
江西	16	8	8	50.00	50.00	100.00	11	11	100.00	97	97	100.00
山东	10	10	0	100.00	0.00	100.00	17	17	100.00	140	140	100.00
河南	27	8	9	29.63	33.33	62.96	18	18	100.00	159	78	49.06
湖北	14	14	0	100.00	0.00	100.00	13	13		120	120	100.00
湖南	16	16	0	100.00	0.00	100.00	14	14	100.00	123	123	100.00
广东	10	10	0	100.00	0.00	100.00	21	21	100.00	121	104	85.95
广西	12	9	0	75.00	0.00	75.00	14	14		103	89	86.41
海南	5	5	0	100.00	0.00	100.00	2	2	100.00	16	16	100.00
重庆	11	9	2	81.82	18.18	100.00	40	40	100.00	0	0	
四川	20	0	20	0.00	100.00	100.00	21	18	85.71	181	0	0.00
贵州	17	4	4	23.53	23.53	47.06				0	0	
云南	11	0	11	0.00	100.00	100.00	16	16	100.00	129	129	100.00

续表

单位名称	直属单位						地（市）县					
	直属单位（个）	以局域网联入外网的直属单位（个）	以广域网联入外网的直属单位（个）	局域网联入联通率（%）	广域网联入联通率（%）	直属单位联通率（%）	地市数（个）	已联入外网的地市（个）	联通率（%）	县（市）（数）	已联入外网的县（市）（个）	联通率（%）
西藏												
陕西	16	1	4	6.25	25.00	31.25	11	11	100.00	83	62	74.70
甘肃	22	5	0	22.73	0.00	22.73	14	14		86	7	8.14
青海	13	10	2	76.92	15.38	92.31	8	0	0.00	39	1	
宁夏	38	13	13	34.21	34.21	68.42	5	5	100.00	22	22	100.00
新疆	34	11	0	32.35	0.00	32.35	14	0	0.00	88	0	0.00
兵团	9	5	4	55.56	44.44	100.00	13	0	0.00	178	0	0.00
合计	625	233	229	37.28	36.64	73.92	405	344	84.94	2838	1779	62.68

（二）视频会议系统

截至2012年底，水利部机关的视频会议系统连接了其应连接的25个直属单位中的12个，全年共召开视频会议31次，参加会议人数达到102000人次（不包括流域机构、省级水行政主管部门组织召开的视频会议）。流域机构全年共召开视频会议177次，参加会议人数达到了10086人次。32个省级水利部门全年共召开视频会议831次，较2011年度的545次有较大增长，参加会议人数达到了185800人次，较2011年度的132873人次也有了显著增长。高清视频会议系统节点总数达1164个。2012年、2011年和2010年流域机构视频会议系统建设直属单位联通情况见表3-8，2012年省级水行政主管部门视频会议系统建设和使用情况见表3-9。

表3-8　　2012年、2011年和2010年流域机构视频会议系统建设直属单位联通情况　　（%）

单位名称	直属单位联通率		
	2012年	2011年	2010年
长江水利委员会	5.26	100.00	0.00
黄河水利委员会	70.59	70.59	70.59
淮河水利委员会	100.00	100.00	100.00
海河水利委员会	100.00	100.00	100.00
珠江水利委员会	20.00	100.00	100.00
松辽水利委员会	100.00	100.00	100.00
太湖流域管理局	100.00	58.71	66.67

表3-9　　2012年省级水行政主管部门视频会议系统建设和使用情况

单位名称	直属单位			地市			县市			本级组织召开的视频会议（次）	参加会议人次（人）	高清视频会议系统节点总数（个）
	数量（个）	已联入系统的直属单位（个）	联通率（%）	数量（个）	接入系统的地市（个）	联通率（%）	数量（个）	接入系统的县市（个）	联通率（%）			
北京	30	11	36.67	16	16	100.00						
天津	27	8	29.63									

续表

单位名称	直属单位			地市			县市			本级组织召开的视频会议（次）	参加会议人次（人）	高清视频会议系统节点总数（个）
	数量（个）	已联入系统的直属单位（个）	联通率（%）	数量（个）	接入系统的地市（个）	联通率（%）	数量（个）	接入系统的县市（个）	联通率（%）			
河北	16	7	43.75	11	11	100.00	160	94	58.75	9	1500	
山西		4		11	11	100.00		0		11	400	1
内蒙古	15	0	0.00	14	0	0.00	101	0	0.00	0	0	0
辽宁	31	11	35.48	14	14	100.00	98	96	97.96	15	15000	143
吉林	27		0.00	10	10	100.00	34	34	100.00	50	350	2
黑龙江	13		0.00	14	14	100.00				25	25000	
上海	12	12	100.00	17	17	100.00	241	25	10.37	34	3500	29
江苏	35	35	100.00	13	13	100.00				20		38
浙江	15	0	0.00	11	11	100.00	90	90	100.00	50	2000	580
安徽	12	12	100.00	16	16	100.00	105	68	64.76	30	20000	7
福建	32	2	6.25	9	9	100.00	84	84	100.00	53	23400	
江西	16	1	6.25	11	11	100.00	97	97	100.00	50	7000	14
山东	10	3	30.00	17	17	100.00	140	140	100.00	30	2000	22
河南	27	2	7.41	18	18	100.00	159	78	49.06	32	10000	0
湖北	14	11	78.57	13	13	100.00	120	120	100.00	90	4000	
湖南	16	2	12.50	14	14	100.00	123	123	100.00	25	2000	137
广东	10	10	100.00	21	21	100.00	121	121	100.00	104	37520	0
广西	12	1	8.33	14	14	100.00	103	89	86.41	28	7500	104
海南	4	1	25.00	2	2	100.00	16	16	100.00	0	0	
重庆	11	0	0.00	40	38	95.00				10	3000	0
四川	20	5	25.00	21	21	100.00	181		0.00			
贵州	1		0.00	9	9	100.00				100	5000	
云南	11	1	9.09	16	16	100.00	129	21	16.28	26	11200	22
西藏												
陕西	16	5	31.25	11	11	100.00	83	62	74.70	13	2000	9
甘肃	22	5	22.73	14	14	100.00	86	7	8.14	23	2800	29
青海	13	0	0.00	8	0	0.00	39	0	0.00	0	0	0
宁夏	38	14	36.84	5	5	100.00	22	20	90.91	3	630	27
新疆	34	1	2.94	14	0	0.00	88	0	0.00	0	0	
兵团												
合计	540	164	30.37	404	366	90.59	2420	1385	57.23	831	185800	1164

（三）移动及应急网络

在移动及应急网络方面，全国移动PC为6744台，移动信息采集设备899套，详见表3-10。其中：东部地区的移动信息终端达1503台，较2011年度的1963台略有减少，但移动信息采集设备却由2011年度的94套增加为2012年度的169套；西部地区的移动信息终端数最少，为1262台，但较2011年度的609台有了大幅增长；流域的移动信息采集设备套数最少，由2011年度的58套减少为2012年度的49套（其中松辽委的移动信息采集设备由2011年的20套下降为今年的2套），西部地区最多，达581套。2012年与2011年移动及应急网络情况对比详见表3-11。

表3-10　2012年水利部、流域机构、东部、中部、西部水行政主管部门移动及应急网络情况

移动及应急网络情况		移动信息终端（台）	移动信息采集设备（套）
水利部机关		1100	
流域小计		1588	49
地方	东部	1503	169
	中部	1291	100
	西部	1262	581
	小计	4056	850
全国小计		6744	899

表3-11　2012年与2011年移动及应急网络情况

类别	移动信息终端（台）	移动信息采集设备（套）
2012年	6744	899
2011年	5723	355
增长率（%）	17.84	153.24

（四）存储能力

截止到2012年底，省级以上水行政主管部门配备的各类存储设备形成了2057971.93GB的总存储容量，其中外网存储容量较高，达到1084810.23GB，见表3-12。

表3-12　2012年水利部、流域机构存储容量情况　（单位：GB）

分　类		内网存储容量	外网存储容量	总存储容量
水利部机关		230000.00	139000.00	369000.00
流域小计		339780.00	442667.00	782447.00
地方	东部	170426.70	183795.23	354221.93
	中部	108522.00	203418.00	311940.00
	西部	124433.00	115930.00	240363.00
	小计	403381.70	503143.23	906524.93
全国合计		973161.70	1084810.23	2057971.93

在内外网存储中，各区发展不平衡，东部地区的各项比较高，中西部地区相对比较薄弱，如图3-1所示。水利部机关、流域机构与地方各水利主管部门内外网总存储量对比图如图3-2所示。

（五）系统运行安全保障

截至2012年底，全国省级以上水利主管部门的安全保密防护设备数量（内外网合计）已达1337个，采用CA身份认证的应用系统数量（内外网合计）已达90个，详见图3-3。各单位的系统运行安全保障设施的完整性和有效性仍需加强，内网方面，特别是同城异地数据备份系统、远程异地容灾

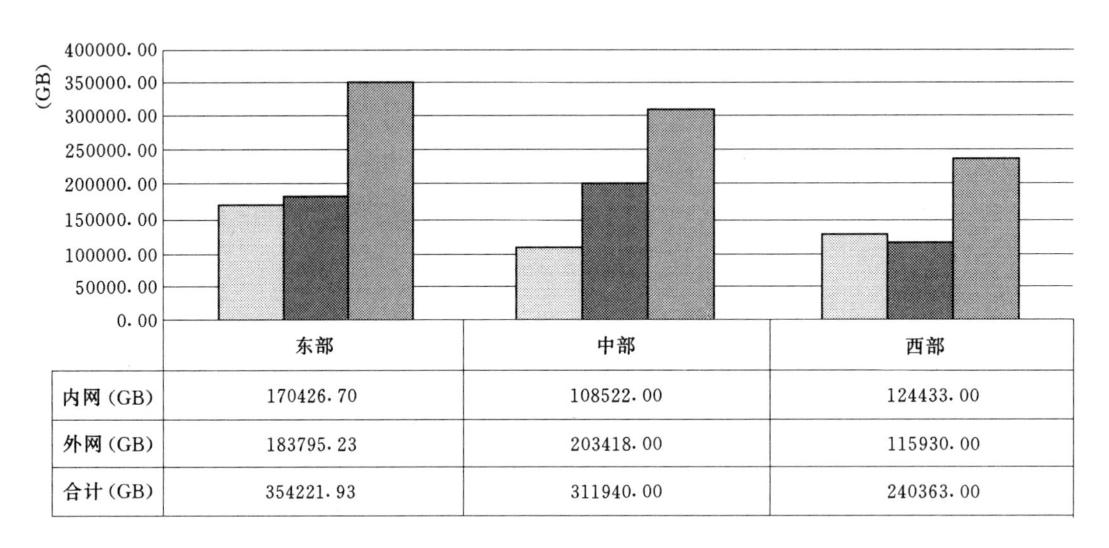

图 3－1　2012 年东部、中部、西部内外网存储容量分布对比图

数据备份系统方面依旧非常薄弱；相对于内网，外网状况略好，但配有本地数据备份系统的单位比较少，只有 6 家，详见图 3－4。

内网方面，2012 年西部地区的安全保密防护设备数量最多，中部地区最少；相对而言，采用 CA 身份认证的应用系统数量太少，中西部地区更加薄弱，详见图 3－5。系统运行安全情况中，经济发达的东部地区发展相对均衡，中西部与其存在一定的差距，尤其是中部地区没有一家单位配备远程异地容灾数据备份系统，详见图 3－6。

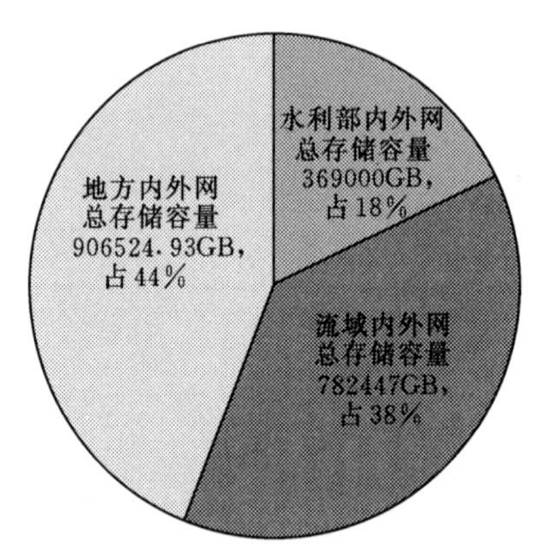

图 3－2　2012 年水利部、流域机构与地方各水利主管部门内外网总存储量

外网方面，2012 年西部地区的安全保密防护设备数量最多，为 71 个，东部地区最少，只有 15 个，仅为西部地区的 21.12%；相对而言，采用 CA 身份认证的应用系统数量却少之又少，中部地区更加薄弱，仅为 1 个，详见图 3－7。系统运行安全情况中，经济发达的东部地区发展依旧比较均衡，中西部与其依然存在一定的差距，中部地区依旧没有一家单位配备远程异地容灾数据备份系统；在组织应急演练和组织开展信息安全风险评估工作方面，西部地区差距明显，详见图 3－8。

2012 年，水利部、流域机构和地方的信息系统等级保护情况见表 3－13，其中流域机构已通过测

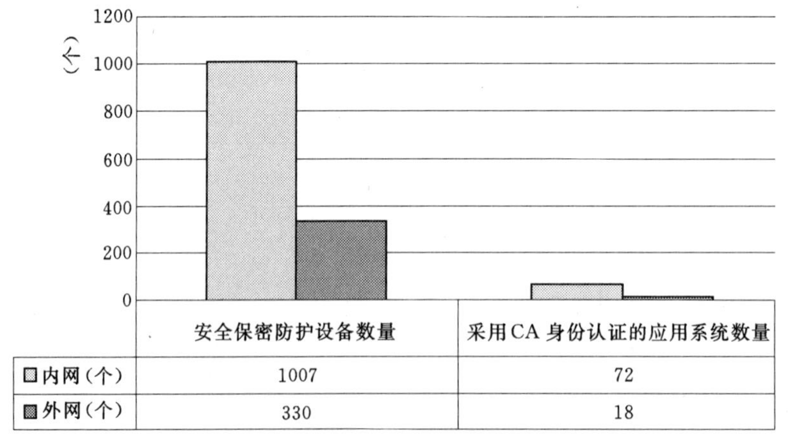

图 3－3　2012 年内外网安全保密防护设备和采用 CA 身份认证的应用系统数量

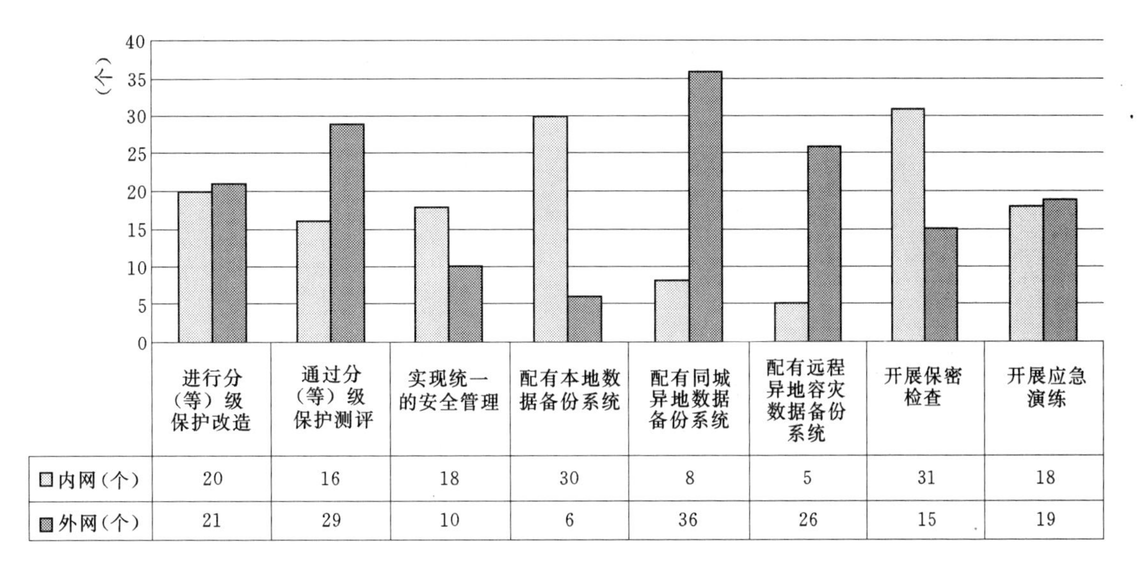

图 3-4　2012 年全国省级以上水利主管部门的系统运行安全情况

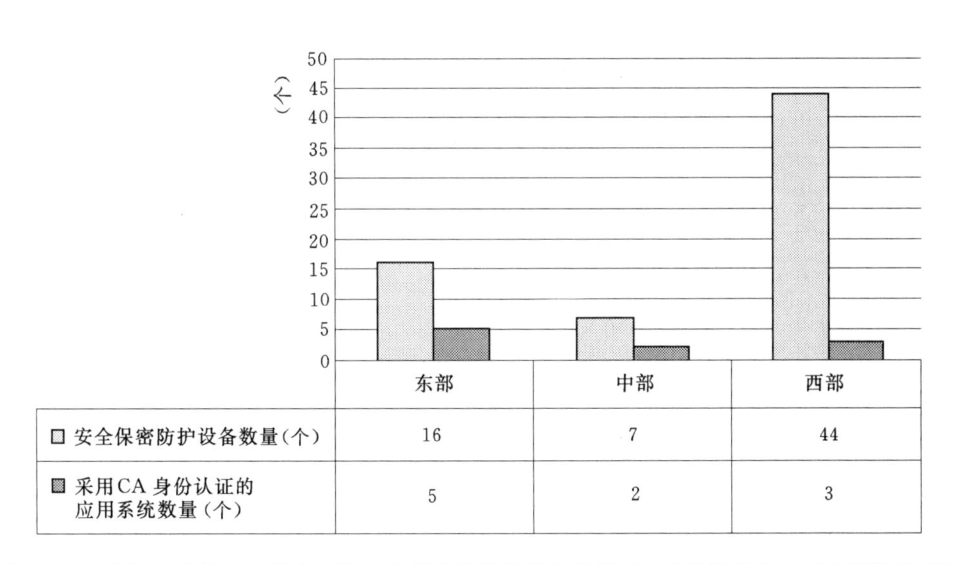

图 3-5　东部、中部和西部内网的安全保密防护设备和采用 CA 身份认证的应用系统数量对比

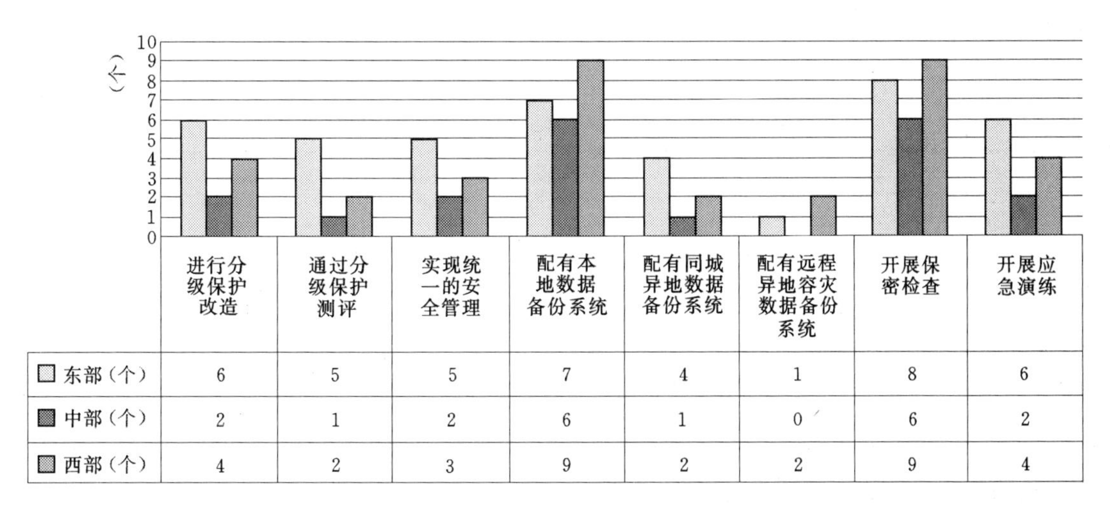

图 3-6　东部、中部和西部内网的系统运行安全情况对比

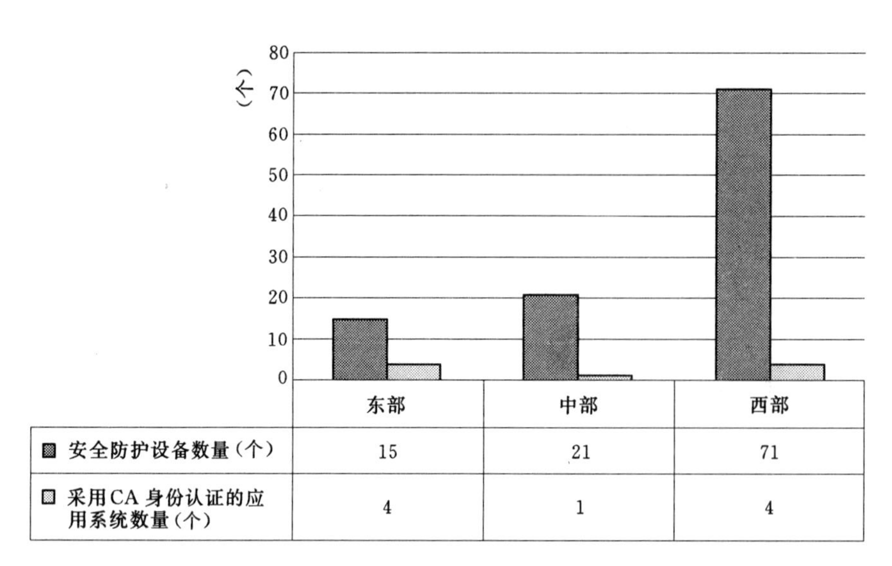

图 3-7 东部、中部和西部外网的安全保密防护设备和采用 CA 身份认证的应用系统数量对比

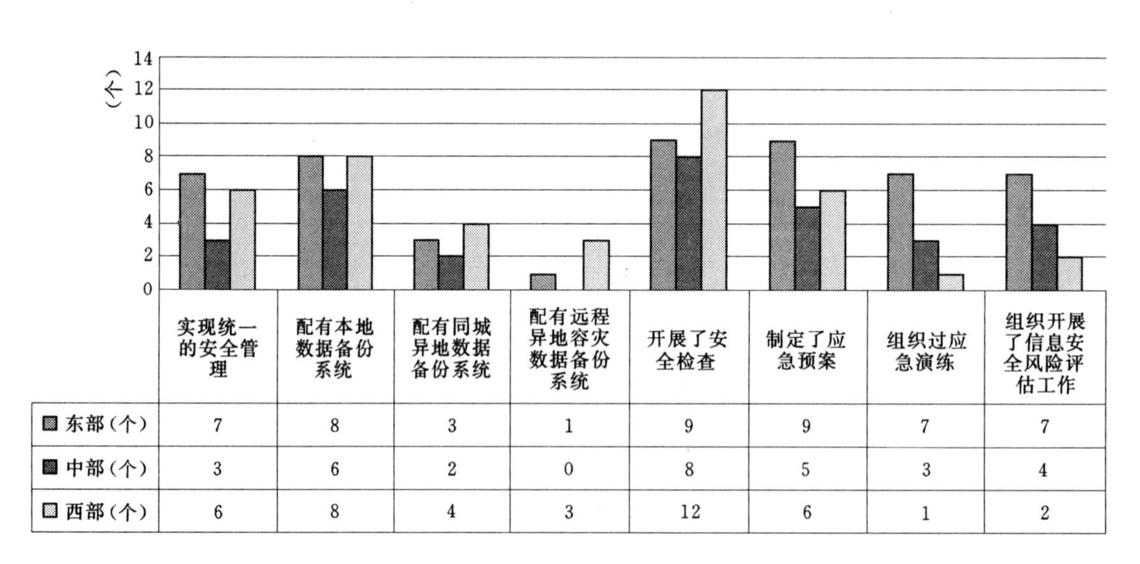

图 3-8 东部、中部和西部外网的系统运行安全情况对比

评的系统数量各级均为 0，明显落后于其他单位。总体来看，全国各单位的二级信息系统数量最多，但是已整改的系统数量和已通过测评的系统数量较总体所占比例较小。

表 3-13　2012 年水利部、流域机构和地方信息系统等级保护情况　（单位：个）

类别	总数量			已整改的系统数量			已通过测评的系统数量		
	三级信息系统	二级信息系统	未定级信息系统	三级信息系统	二级信息系统	未定级信息系统	三级信息系统	二级信息系统	未定级信息系统
水利部机关	8	4	2	6	4	0	6	4	0
流域小计	36	72	111	0	0	0	0	0	0
地方小计	31	131	54	8	29	2	9	52	9
全国合计	75	207	167	14	33	2	15	56	9

在信息系统等级保护方面，截止到 2012 年底，全国省级以上水利主管部门共有 75 个三级信息系统，207 个二级信息系统，167 个未定级信息系统，其中流域机构的未定级信息系统最多，为 111 个；地方部门的二级信息系统最多，为 131 个，详见图 3-9。

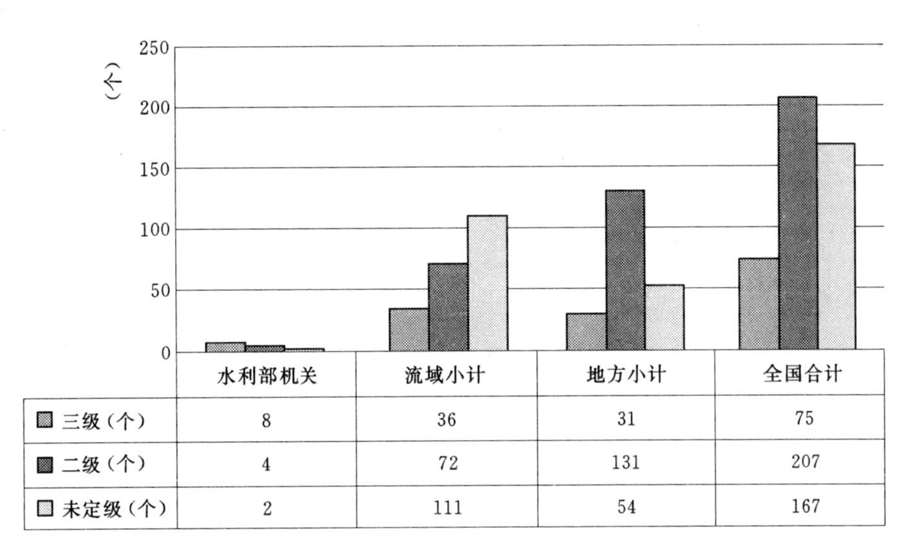

	水利部机关	流域小计	地方小计	全国合计
三级(个)	8	36	31	75
二级(个)	4	72	131	207
未定级(个)	2	111	54	167

图 3-9 2012 年度水利部、流域机构和各地方部门的信息系统等级保护等级分布

2012 年，全国各等级保护的信息系统中，三级信息系统整改率相对最高，为 18.67%，而通过测评的比例二级信息系统相对最高，为 27.05%，详见表 3-14。

表 3-14　2012 年度信息系统等级保护等级整改率和测评率

级　别	总数量(个)	已整改的系统数量(个)	整改率(%)	已通过测评的系统数量(个)	测评率(%)
三级信息系统	75	14	18.67	15	20.00
二级信息系统	207	33	15.94	56	27.05
未定级信息系统	167	2	1.20	9	5.39

(六) 水利通信系统

2012 年，全国水利通信系统有了较大发展，卫星通信系统中，水利卫星小站已达 481 个，其中便携卫星小站共计 23 套；程控交换系统发展较快，系统容量为 120779 门，实际用户达 67172 个；应急通信车共 27 辆；微波通信线路已达 8695.11km，381 个站；无线宽带接入终端 2031 个；集群通信终端 1236 个，详见表 3-15。

表 3-15　2012 年度水利通信系统设施情况统计

水利通信系统	卫星通信系统			程控交换系统		应急通信车(辆)			微波通信		无线宽带接入	集群通信
	水利卫星小站(个)	其他卫星设施(套)	便携卫星小站(套)	系统容量(门)	实际用户(个)	总数	动中通	静中通	线路长度(km)	站数(个)	终端(个)	终端(个)
流域小计	215	16	15	82608	44953	13	2	11	4676.9	246	1647	34
地方小计	266	416	8	26171	16219	14	5	13	4018.21	135	384	1202
全国合计	481	433	23	120779	67172	27	7	24	8695.11	381	2031	1236

四、信息采集与工程监控体系

（一）信息采集点

截至2012年底，全国省级以上水行政主管部门能收到数据的各类信息采集点达105930处，较2011年度的78720处有较大增长，其中自动采集点为63461处，较2011年度的44460处略有增长，其采集要素与站点数分布如图4－1所示。全国自动采集点占全部采集点的平均比例达到59.91%，而2011年度为56.48%，自动采集点所占比例有所提高。在采集要素中，雨量、水位、地下水埋深、水质和其他等的总采集点数量较多；雨量、水位、墒情（旱情）和其他自动采集点所占其各自总采集点的比例远高于其他类别。

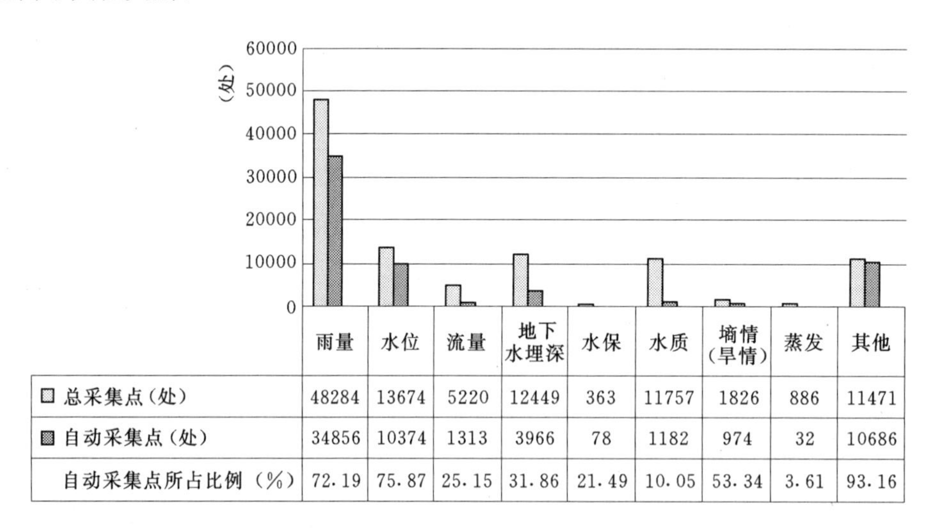

	雨量	水位	流量	地下水埋深	水保	水质	墒情（旱情）	蒸发	其他
□ 总采集点（处）	48284	13674	5220	12449	363	11757	1826	886	11471
■ 自动采集点（处）	34856	10374	1313	3966	78	1182	974	32	10686
自动采集点所占比例（%）	72.19	75.87	25.15	31.86	21.49	10.05	53.34	3.61	93.16

图4－1 2012年度信息采集要素的站点分布

由于地域和气候的分布，导致东部、中部和西部地区在采集要素方面存在差异，在水量较丰富的东部、中部地区，水位、地下水埋深、水保、水质、墒情（旱情）和其他的采集要素的采集点比西部地区多，而雨量、流量和蒸发的总采集点在相对比较干旱的西部则多于中东部，详见图4－2。

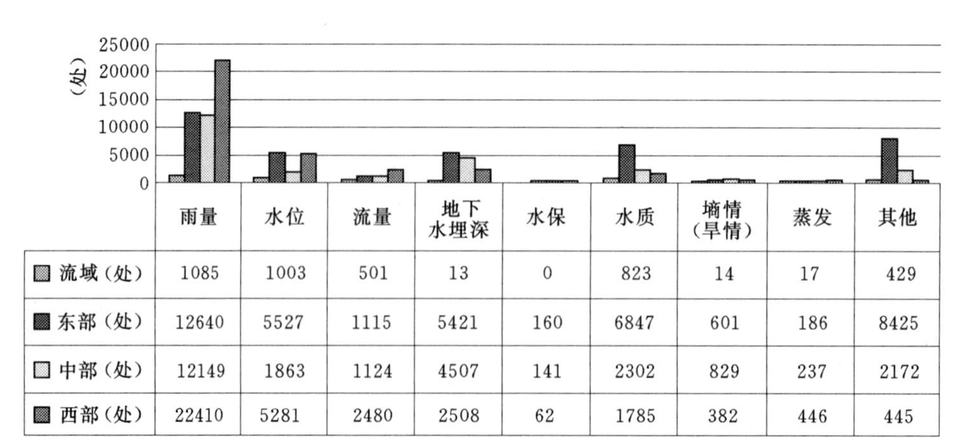

	雨量	水位	流量	地下水埋深	水保	水质	墒情（旱情）	蒸发	其他
流域（处）	1085	1003	501	13	0	823	14	17	429
东部（处）	12640	5527	1115	5421	160	6847	601	186	8425
中部（处）	12149	1863	1124	4507	141	2302	829	237	2172
西部（处）	22410	5281	2480	2508	62	1785	382	446	445

图4－2 流域机构、东部、中部和西部采集要素的总采集点分布

在各种采集要素的自动采集点中，东部、中部和西部地区雨量站差别不大；东部和西部地区的水位自动采集点明显高于中部地区。相对于东部和西部地区，中部地区的自动采集点较少，其中水保自动采集点仅有 4 处，水质自动采集点仅有 1 处，蒸发自动采集点为 0，详见图 4－3。

流域机构、东部、中部和西部地区的各采集要素的采集点中，自动采集点占各自的总采集点比例详见表 4－1，其中，雨量、水位和墒情（旱情）采集点的自动化比例较高；东部地区较中西部地区的自动化比例也较高。

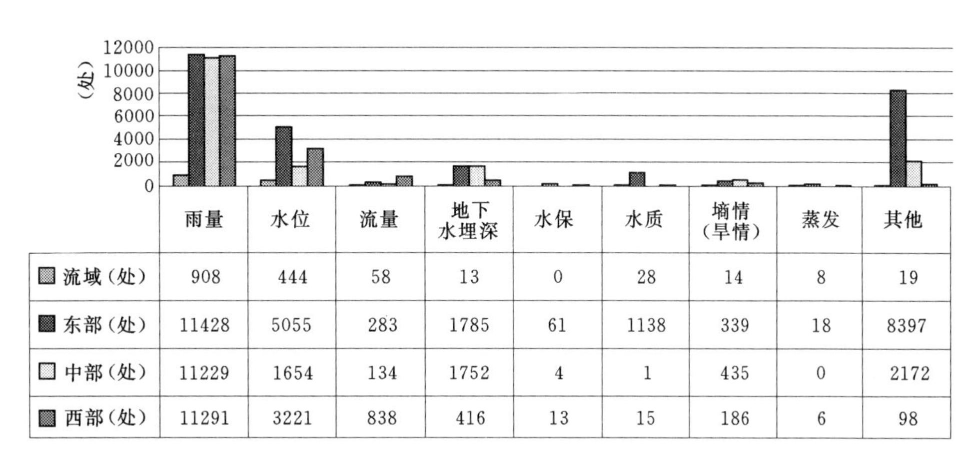

	雨量	水位	流量	地下水埋深	水保	水质	墒情（旱情）	蒸发	其他
流域（处）	908	444	58	13	0	28	14	8	19
东部（处）	11428	5055	283	1785	61	1138	339	18	8397
中部（处）	11229	1654	134	1752	4	1	435	0	2172
西部（处）	11291	3221	838	416	13	15	186	6	98

图 4－3　流域机构、东部、中部和西部采集要素的自动采集点分布

表 4－1　　流域机构、东部、中部和西部地区自动采集点所占比例　　（%）

地域		雨量	水位	流量	地下水埋深	水保	水质	墒情（旱情）	蒸发	其他
流域		83.69	44.27	11.58	100.00		3.40	100.00	47.06	4.43
地方	东部	90.41	91.46	25.38	32.93	38.13	16.62	56.41	9.68	99.67
	中部	92.43	88.78	11.92	38.87	2.84	0.04	52.47	0.00	100.00
	西部	50.38	60.99	33.79	16.59	20.97	0.84	48.69	1.35	22.02

（二）工程监控

2012 年，工程监控信息化发展较快，截止到 2012 年底，全国共有工程监控系统 537 个，比 2011 年度的 346 个有了较大的增长。监控点（视频与非视频）共 22361 个，比 2011 年度的 16098 个增长显著。独立（移动）点共 681 个，是 2011 年度 131 个的 5.20 倍，详见表 4－2。

表 4－2　　监控系统、监控点和独立（移动）点对比　　（单位：处）

类别		监控系统数	监控点总数	独立（移动）点数
流域小计		82	885	0
地方	东部	186	6574	193
	中部	110	2606	84
	西部	159	12296	404
	小计	455	21476	681
全国合计		537	22361	681

截止到2012年底，西部地区的监控点总数达12296个，远远高于东部和中部地区，详见图4-4。

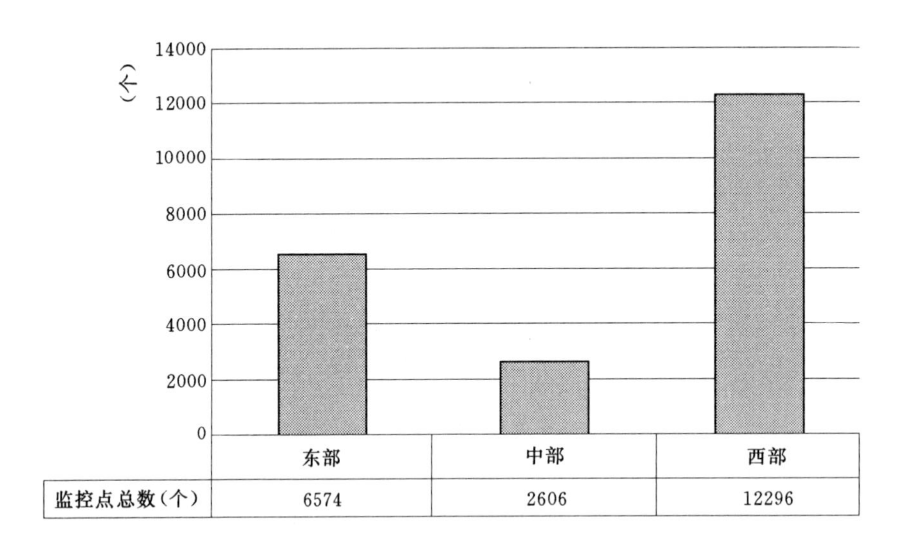

图4-4　2012年度东部、中部和西部地区监控点总数

五、资源共享服务体系

（一）数据中心信息服务

截止到2012年底，全国省级以上水利部门中已建立数据中心的单位有11家，数据中心（或数据库系统）信息服务方式中，实现业务系统联机访问和提供授权联机查询的单位相对较多，提供非授权联机下载和提供离线服务的单位较少，其中东部地区的已实现的各类数据中心信息服务相对于中部、西部较高，见图5－1、图5－2。

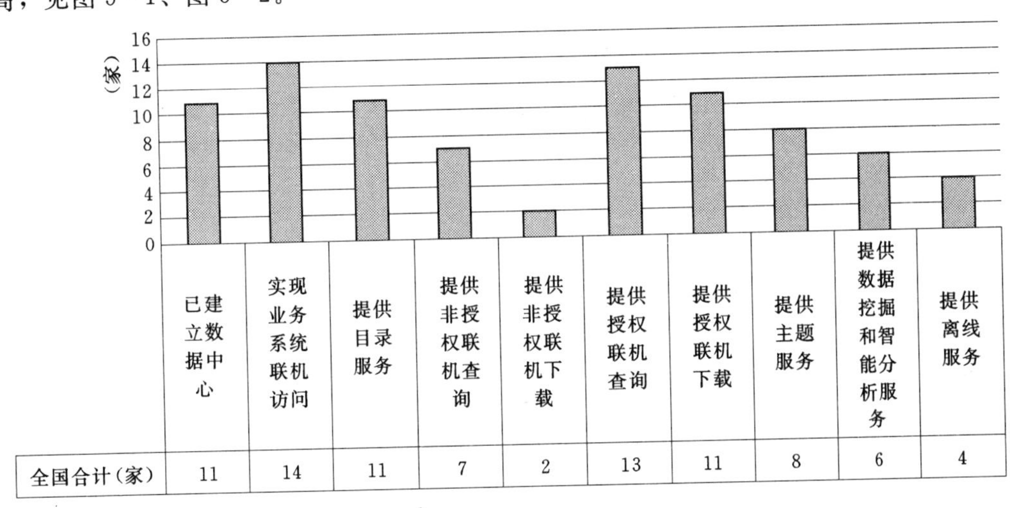

	已建立数据中心	实现业务系统联机访问	提供目录服务	提供非授权联机查询	提供非授权联机下载	提供授权联机查询	提供授权联机下载	提供主题服务	提供数据挖掘和智能分析服务	提供离线服务
全国合计（家）	11	14	11	7	2	13	11	8	6	4

图5－1　2012年全国数据中心信息服务方式

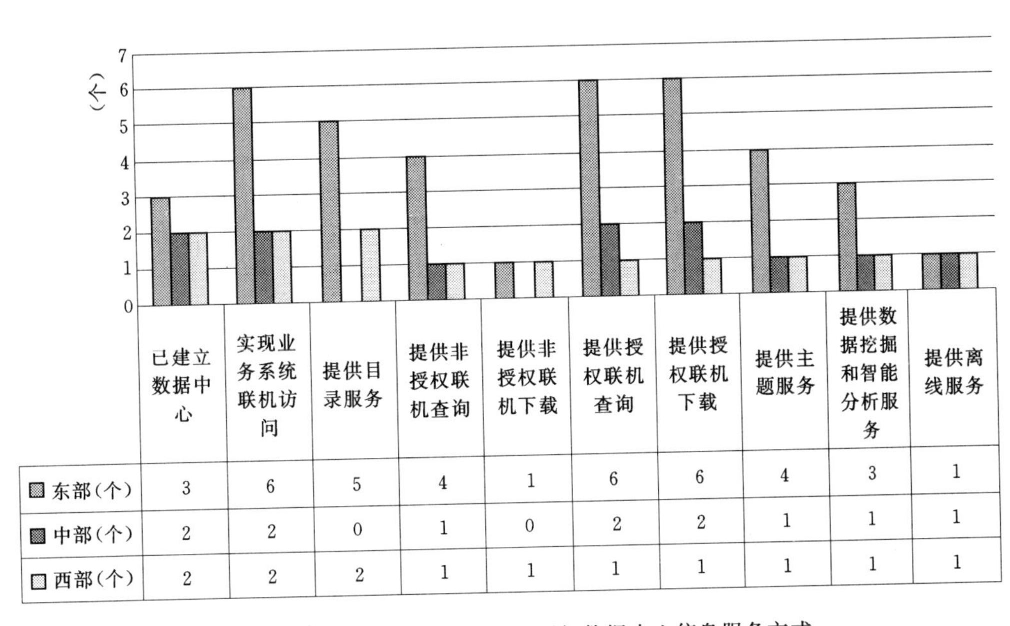

	已建立数据中心	实现业务系统联机访问	提供目录服务	提供非授权联机查询	提供非授权联机下载	提供授权联机查询	提供授权联机下载	提供主题服务	提供数据挖掘和智能分析服务	提供离线服务
东部（个）	3	6	5	4	1	6	6	4	3	1
中部（个）	2	2	0	1	0	2	2	1	1	1
西部（个）	2	2	2	1	1	1	1	1	1	1

图5－2　2012年东部、中部、西部数据中心信息服务方式

（二）门户服务应用

在门户服务应用情况中，已建立统一对外服务门户网站和对内服务门户网站的单位分别为36家和27家，其中，实现基于门户服务的移动业务应用集成和实现基于门户服务的应急管理业务应用集成的单位仅有7家和8家，东部地区门户服务应用情况高于中部、西部地区，见图5-3、图5-4。

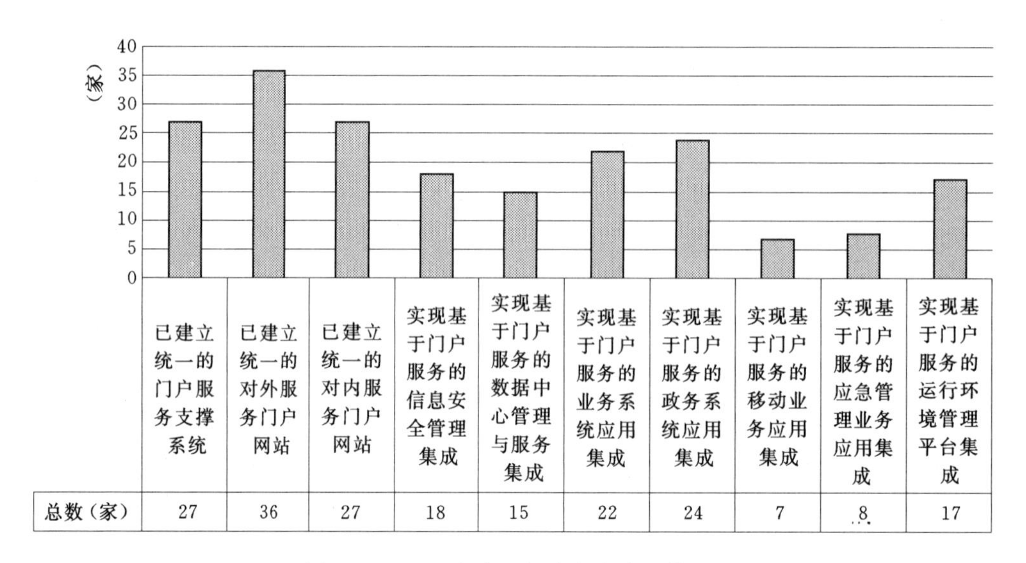

	已建立统一的门户服务支撑系统	已建立统一的对外服务门户网站	已建立统一的对内服务门户网站	实现基于门户服务的信息安全管理集成	实现基于门户服务的数据中心管理与服务集成	实现基于门户服务的业务系统应用集成	实现基于门户服务的政务系统应用集成	实现基于门户服务的移动业务应用集成	实现基于门户服务的应急管理业务应用集成	实现基于门户服务的运行环境管理平台集成
总数（家）	27	36	27	18	15	22	24	7	8	17

图5-3　2012年全国门户服务应用情况

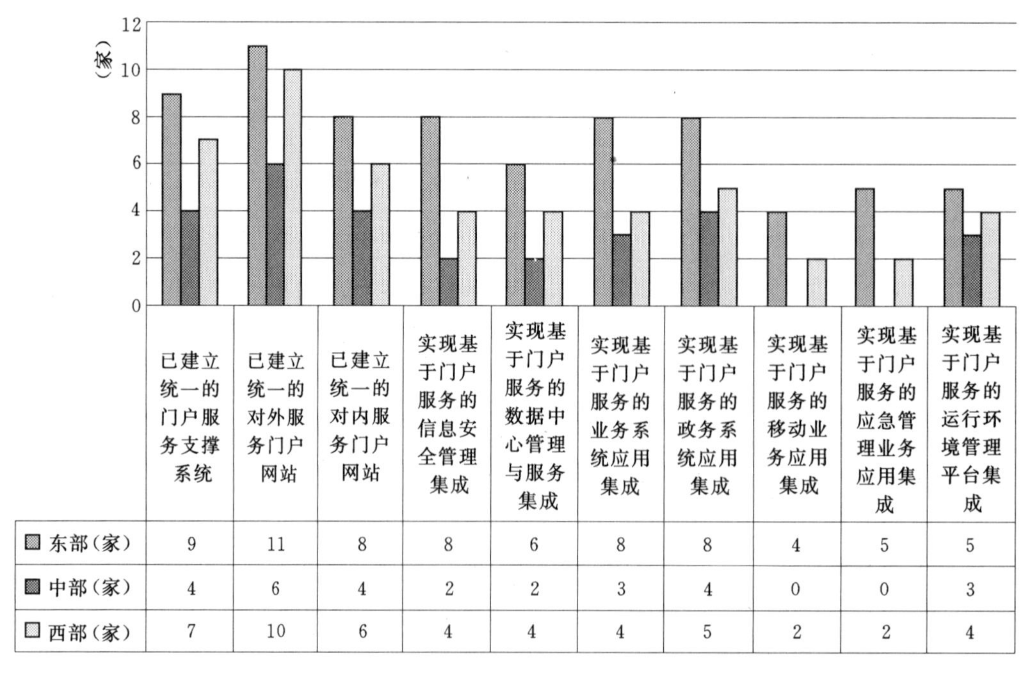

	已建立统一的门户服务支撑系统	已建立统一的对外服务门户网站	已建立统一的对内服务门户网站	实现基于门户服务的信息安全管理集成	实现基于门户服务的数据中心管理与服务集成	实现基于门户服务的业务系统应用集成	实现基于门户服务的政务系统应用集成	实现基于门户服务的移动业务应用集成	实现基于门户服务的应急管理业务应用集成	实现基于门户服务的运行环境管理平台集成
东部（家）	9	11	8	8	6	8	8	4	5	5
中部（家）	4	6	4	2	2	3	4	0	0	3
西部（家）	7	10	6	4	4	4	5	2	2	4

图5-4　2012年东部、中部、西部门户服务应用情况

（三）数据库建设

截止到2012年底，省级以上水利部门正常提供服务的数据库达706个，比2011年增长18%，

见图 5 - 5，存储的各类数据量共达 333528.67GB，见图 5 - 6。流域数据库个数占全国的 28%，达 201 个，库存总数量占全国的 26%，达 86019.9GB，见图 5 - 7、图 5 - 8。

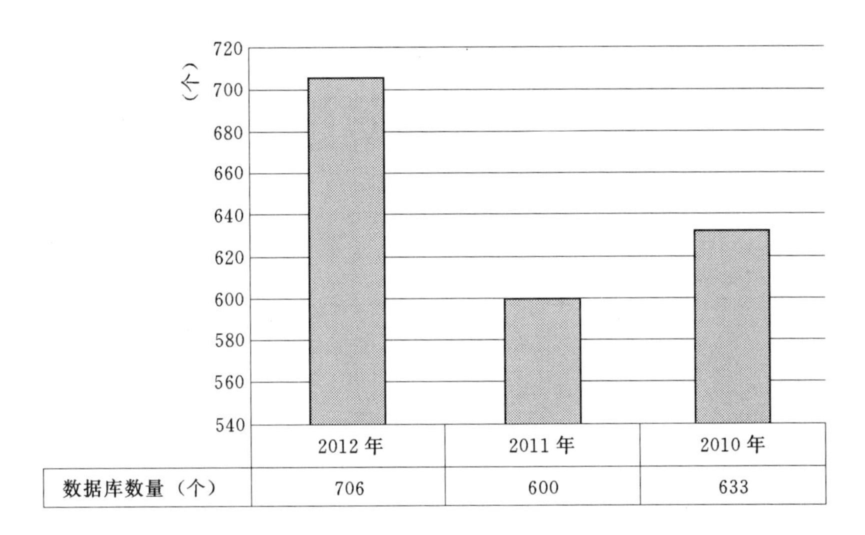

图 5 - 5　2010 年、2011 年、2012 年数据库数量

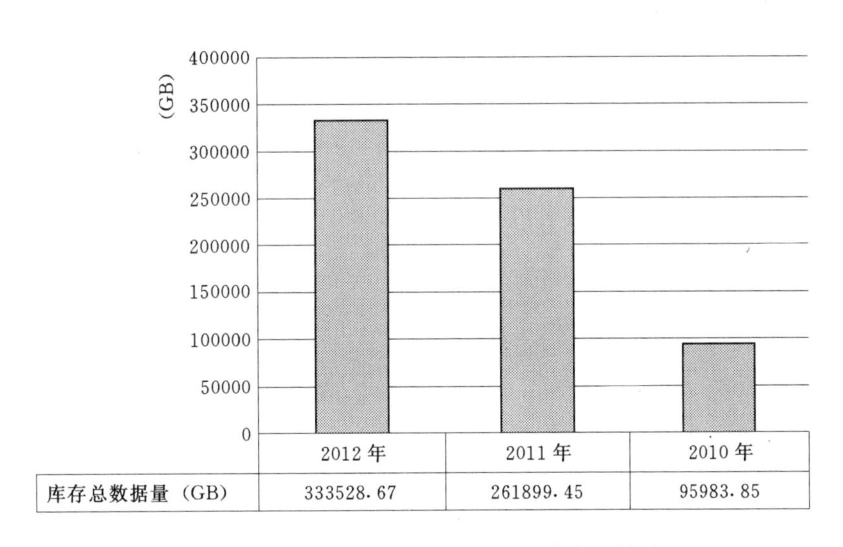

图 5 - 6　2010 年、2011 年、2012 年库存总数量

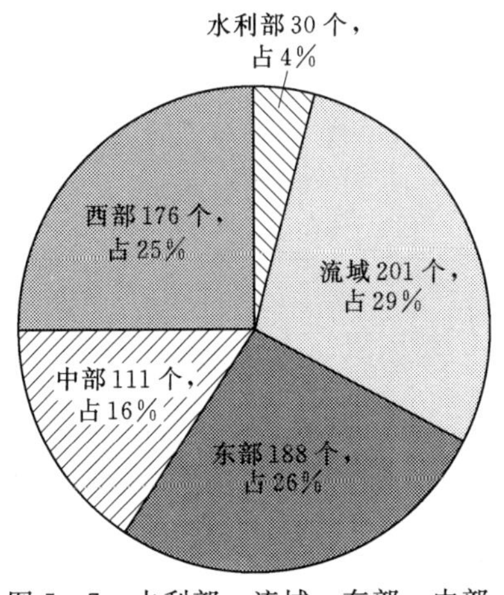

图 5 - 7　水利部、流域、东部、中部、西部数据库数量分布图

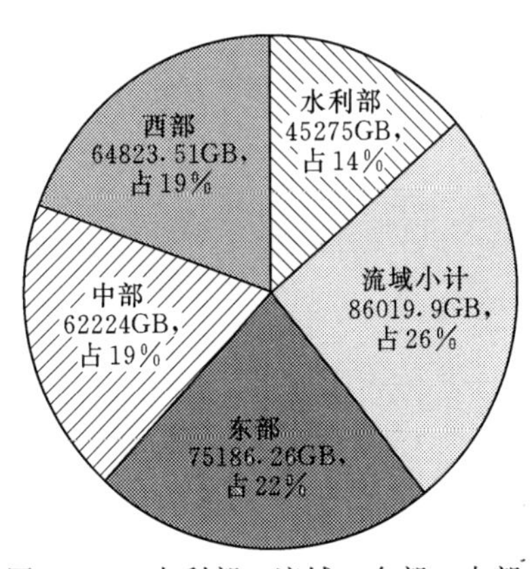

图 5 - 8　水利部、流域、东部、中部、西部库存总数量

（四）业务支撑能力

总体上，各单位数据中心（或统一管理的数据库）系统的业务支撑能力有所提升。其中：支撑防汛抗旱指挥与管理系统的已达到23家单位，发展相对较快；支撑水利水电工程移民安置管理系统、农村水电业务管理系统的单位各有8家；支撑水政监察管理系统、水利应急管理系统的单位各有9家，总量偏少。区域分布上东部地区情况相对较好，如图5-9、图5-10所示。

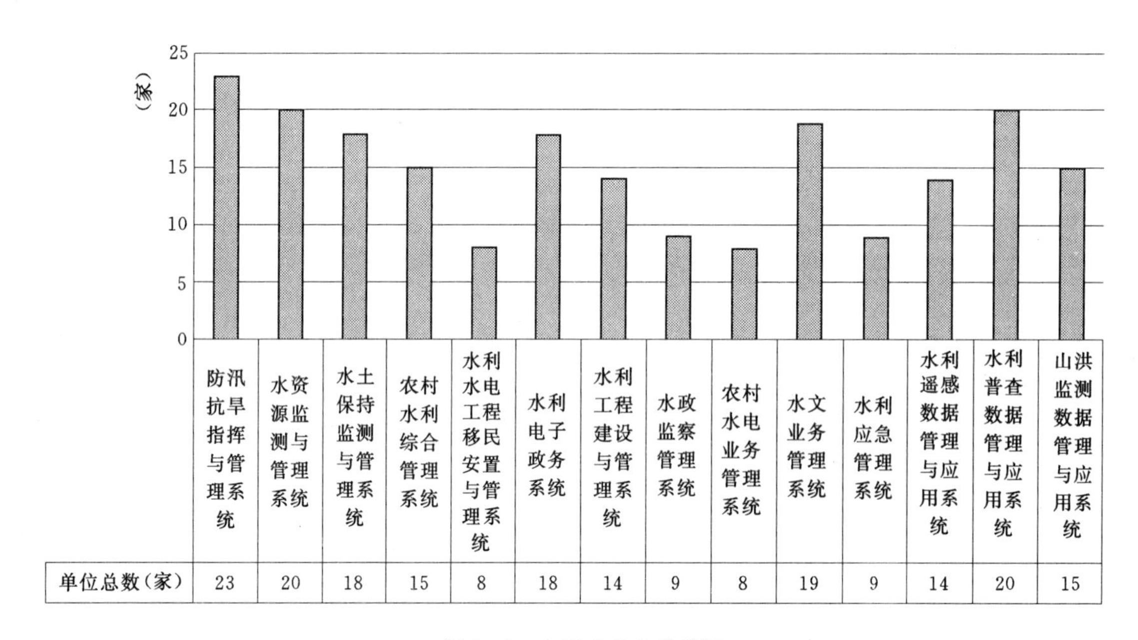

图5-9　全国业务支撑情况

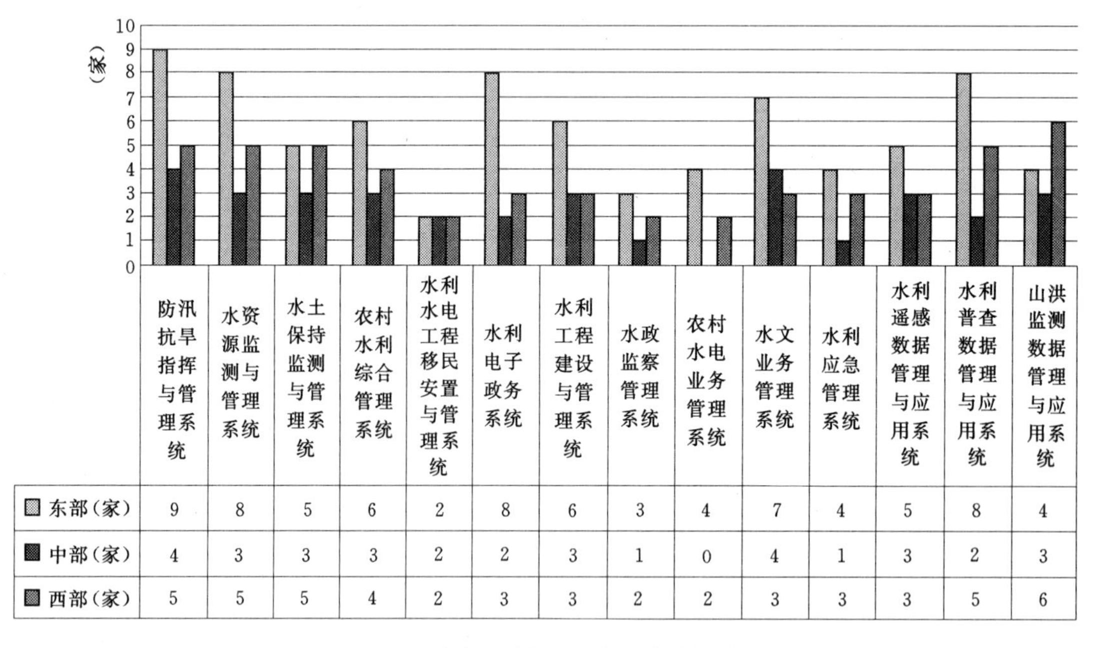

图5-10　东部、中部、西部业务支撑情况

六、综合业务应用体系

（一）水利网站

截至2012年末，全国省级以上水行政主管部门的单位总数和有网站的单位数相对于2011年都在增加，分别为2977个和1024个。由于有网站的单位数的增幅远远低于单位总数的增幅，使得2012年的建站率34.40%比2011年的建站率39.11%略有下降。水利部和流域的建站率分别达到100.00%和81.82%，均比2011年度有了较大增长。地方单位的建站率有待进一步提高，见表6-1。

表6-1　　网站建设情况

分类		单位总数（个）	有网站的单位数（个）	建站率（%）
水利部		43	43	100.00
流域小计		66	54	81.82
地方	东部	692	406	58.67
	中部	974	266	27.31
	西部	1202	255	21.21
	小计	2868	927	32.32
全国合计		2977	1024	34.40

2012年，各地水利主管部门的水利网站建设发展迅速，但是各地仍然存在差距，其中东部地区的建站率相对最高，中部和西部地区建站率相对偏低，详见图6-1。

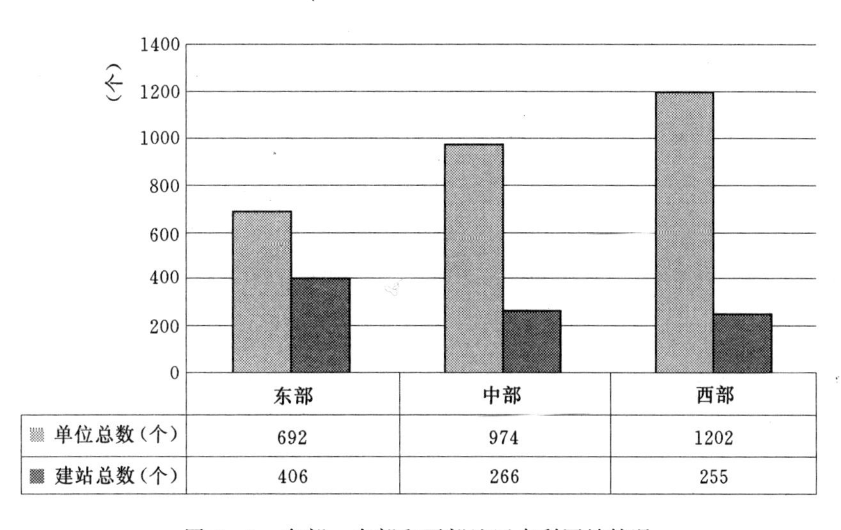

图6-1　东部、中部和西部地区水利网站情况

（二）门户网站信息公开及交流互动

截至2012年末，全国水行政主管机关门户（对外服务）网站信息公开及交流互动情况总体发展较好，但其中有水利统计信息、财政预算决算和行政事业性收费服务的门户（网站）仍然相对较少，均未超过30家，如图6－2所示。

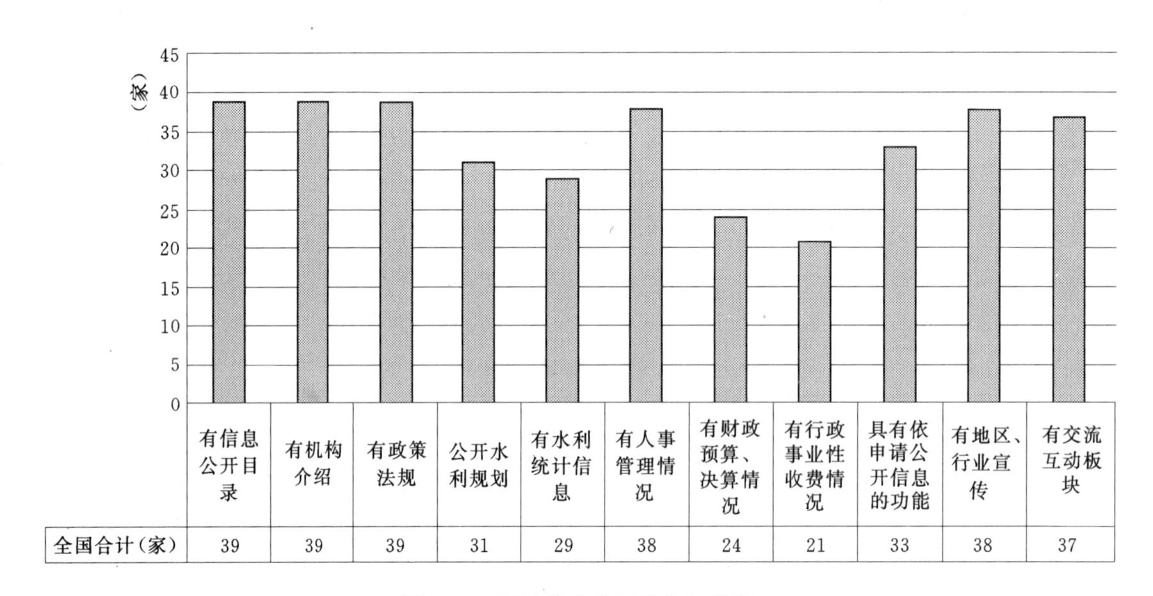

图6－2　网站信息公开及交流情况

2012年，流域机构有财政预决算公开和行政事业型收费公开的单位只有2家，相对较少；地方各水行政主管部门的网站信息公开及交流情况发展良好，详见表6－2。

表6－2　　2012年度水利部机关、流域机构和地方的网站信息公开及交流　　（单位：家）

类别	有信息公开目录	有机构介绍	有政策法规	公开水利规划	有水利统计信息	有人事管理情况	有财政预算、决算情况	有行政事业性收费情况	具有依申请公开信息的功能	有地区、行业宣传	有交流互动板块
水利部机关	1	1	1	1	1	1	1	1	1	1	1
流域小计	7	7	7	5	4	7	2	2	6	6	6
地方小计	31	31	31	25	24	30	21	18	26	31	30
全国合计	39	39	39	31	29	38	24	21	33	38	37

2012年，东部、中部和西部地区的水利网站信息公开及交流虽然依然存在一定差距，但是均发展良好，东西部发展较均衡，但中部地区发展要落后一些，详见图6－3。

（三）行政许可网上办理

截止到2012年底，省级以上水行政主管部门的行政许可网上办理比例情况比2011年有所提高，为68.27%，而2011年仅为56.41%。流域、地方和全国平均水平基本一致，可网上办理的行政许可均已过半，如图6－4所示。2012年，各水行政主管部门的行政许可网上办理情况详见表6－3。

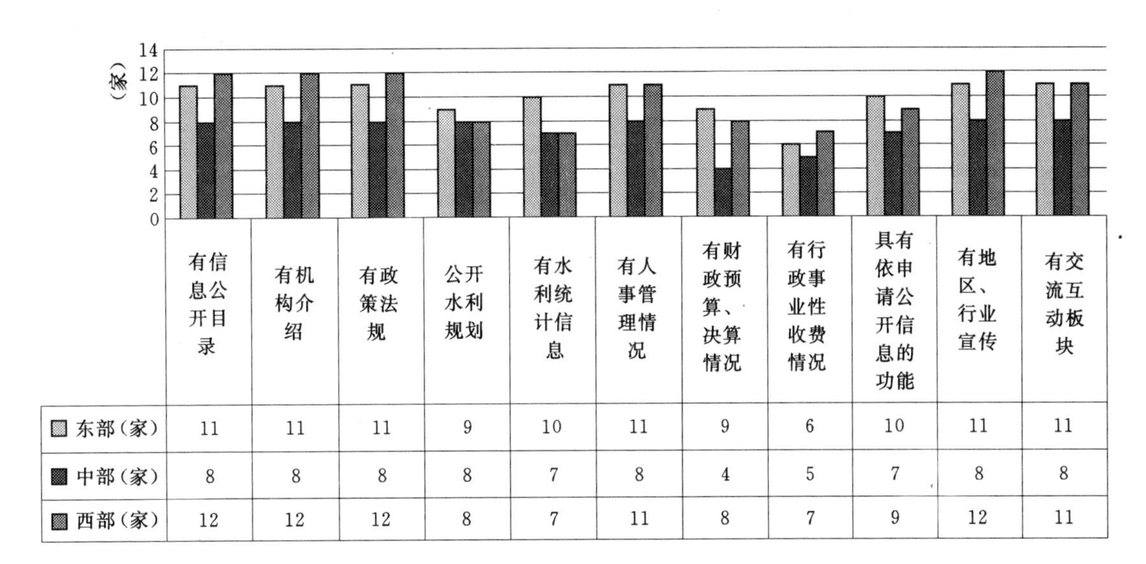

图 6-3 东部、中部和西部地区水利网站信息公开及交流情况

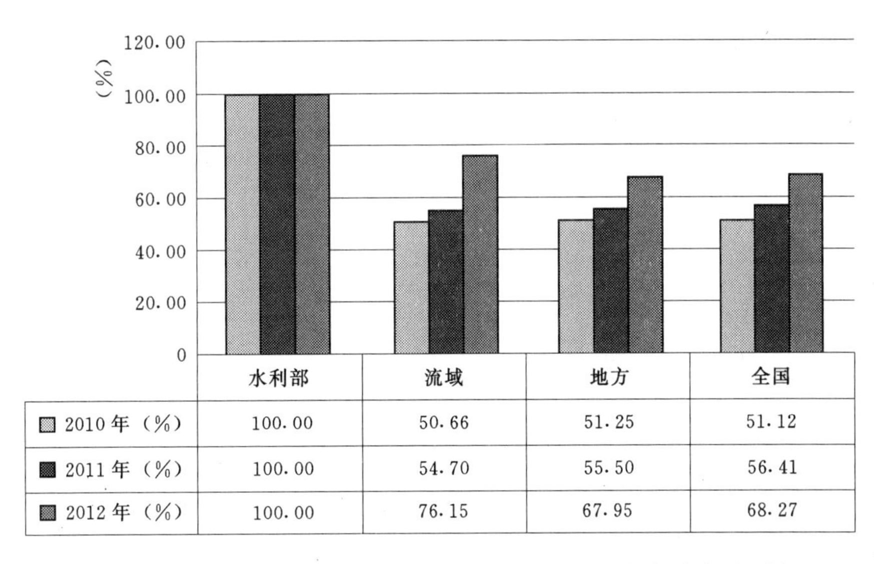

图 6-4 2012 年、2011 年和 2010 年能在网上办理的行政许可比例

表 6-3 **2012 年行政许可网上办理情况** (单位：项)

类 别	行政许可项数	网站公开及介绍的行政许可项数	能够在网上办理的行政许可项数
水利部机关	17	6	6
流域小计	109	84	83
地方小计	911	891	619
全国合计	1037	981	708

(四) 办公系统

截至 2012 年底，40 家省级以上水行政主管部门中，24 家已经在本单位内部实现了公文流转无纸化，而 2011 年有 26 家，详见表 6-4。

表 6-4　　　　　　　　　　**2012年信息化办公能力**

分类		本单位内部是否实现了公文流转无纸化（家）	本单位与上级领导机关之间是否实现了公文流转无纸化（家）	上级水利行业领导机关的单位总数（家）	与本单位之间实现了公文流转无纸化的上级水利行业领导机关单位数（家）	上级水利行业领导机关与本单位内部公文无纸化实现率（%）	与本单位间实现了公文流转无纸化的直属单位数（家）	下级水行政主管部门单位总数（家）	与本单位间实现了公文流转无纸化的下级水行政主管部门单位数（家）	下级水行政主管部门与本单位内部公文无纸化实现率（%）
水利部		1	0	0	0		0	38	0	0.00
流域小计		6	3	7	4	57.14	48	28	3	10.71
地方	东部	9	6	14	8	57.14	130	201	79	39.30
	中部	4	2	13	2	15.38	0	215	0	0.00
	西部	4	7	23	6	26.09	58	106	83	78.30
	小计	17	15	50	16	32.00	188	522	162	31.03
全国小计		24	18	57	20	35.09	236	588	165	28.06

2012年，各水行政主管部门在本单位内部实现公文流转无纸化的总数较与上级领导机关之间实现公文流转无纸化总数多，详见图6-5。

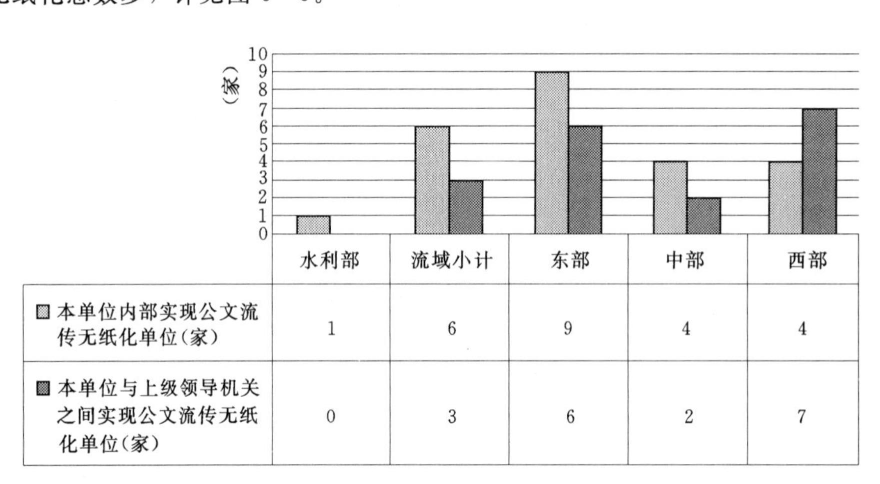

	水利部	流域小计	东部	中部	西部
本单位内部实现公文流传无纸化单位（家）	1	6	9	4	4
本单位与上级领导机关之间实现公文流传无纸化单位（家）	0	3	6	2	7

图6-5　2012年公文流转无纸化统计

2012年，中部地区在与本单位之间实现公文流转无纸化的上级水利行业领导机关单位数、与本单位间实现公文流转无纸化的直属单位数和与本单位间实现公文流转无纸化的下级水行政主管部门单位数是最少的，相比之下，流域机构、东部和西部地区较好，详见图6-6。

（五）业务应用系统

2012年，全国在业务应用系统的配备和应用方面发展仍不够平衡，尤其是水利应急管理系统，全国只有9家单位配备和应用，详见图6-7。各类应用系统在省级以上水利部门配备应用的覆盖率最高的是防汛抗旱指挥与管理系统，达92.5%，除水利应急管理系统外，水利水电工程移民安置与管理系统的覆盖率也比较低，仅为25%，详见图6-8。

2012年，东部、中部和西部地区的水利业务应用系统发展非常不均衡，在各自区域内的发展也不均衡，详见图6-9。

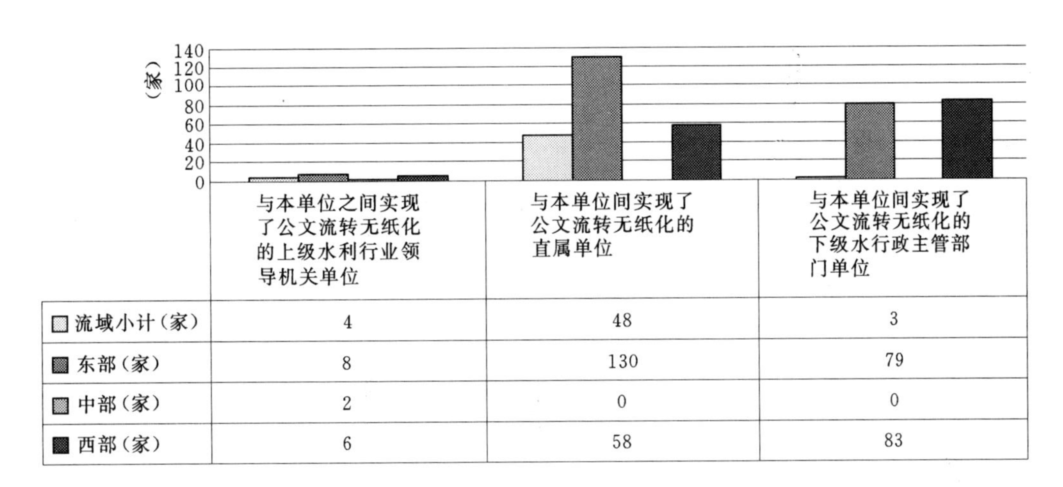

	与本单位之间实现了公文流转无纸化的上级水利行业领导机关单位	与本单位间实现了公文流转无纸化的直属单位	与本单位间实现了公文流转无纸化的下级水行政主管部门单位
□流域小计(家)	4	48	3
▩东部(家)	8	130	79
▩中部(家)	2	0	0
■西部(家)	6	58	83

图6-6　2012年流域机构、东部、中部和西部单位公文无纸化对比

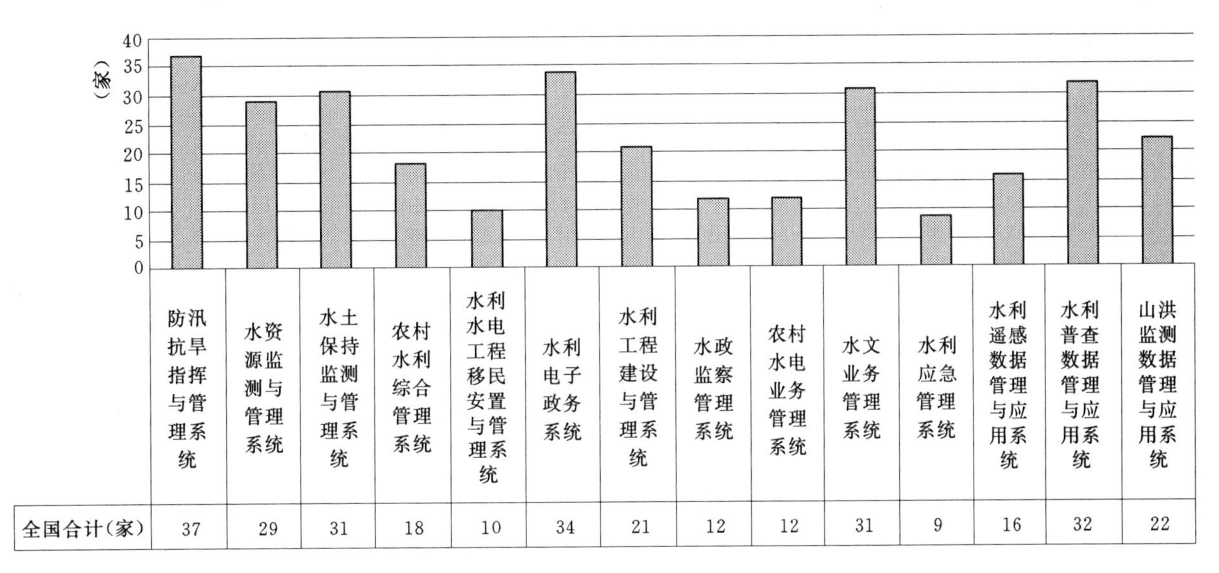

	防汛抗旱指挥与管理系统	水资源监测与管理系统	水土保持监测与管理系统	农村水利综合管理系统	水利水电工程移民安置与管理系统	水利电子政务系统	水利工程建设与管理系统	水政监察管理系统	农村水电业务管理系统	水文业务管理系统	水利应急管理系统	水利遥感数据管理与应用系统	水利普查数据管理与应用系统	山洪监测数据管理与应用系统
全国合计(家)	37	29	31	18	10	34	21	12	12	31	9	16	32	22

图6-7　2012年水利业务应用系统情况

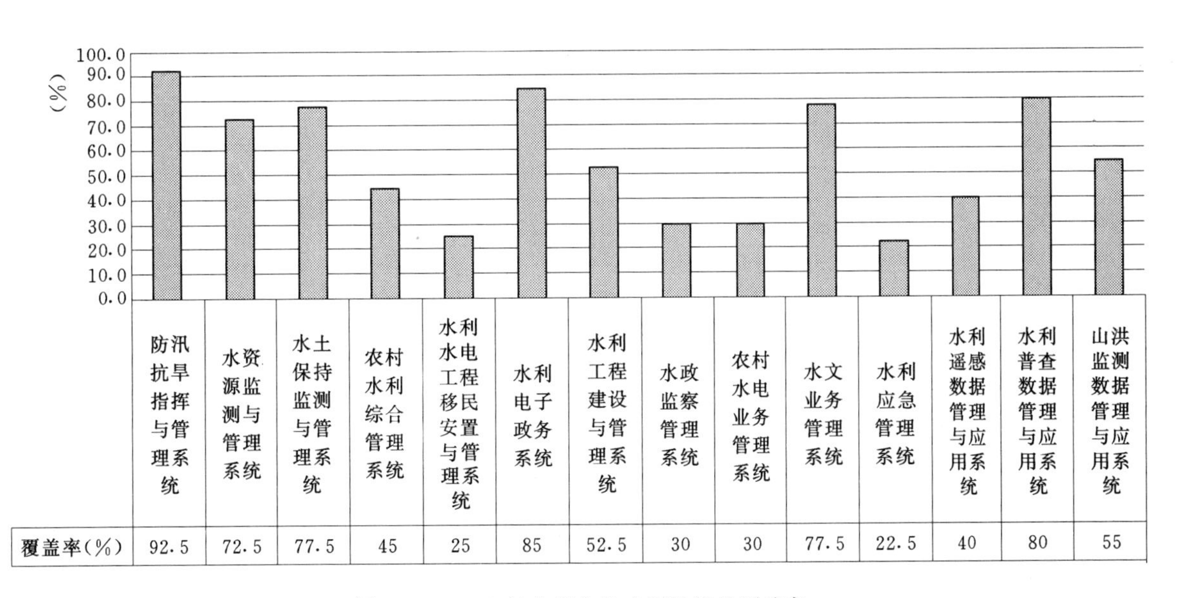

	防汛抗旱指挥与管理系统	水资源监测与管理系统	水土保持监测与管理系统	农村水利综合管理系统	水利水电工程移民安置与管理系统	水利电子政务系统	水利工程建设与管理系统	水政监察管理系统	农村水电业务管理系统	水文业务管理系统	水利应急管理系统	水利遥感数据管理与应用系统	水利普查数据管理与应用系统	山洪监测数据管理与应用系统
覆盖率(%)	92.5	72.5	77.5	45	25	85	52.5	30	30	77.5	22.5	40	80	55

图6-8　2012年水利业务应用系统的覆盖率

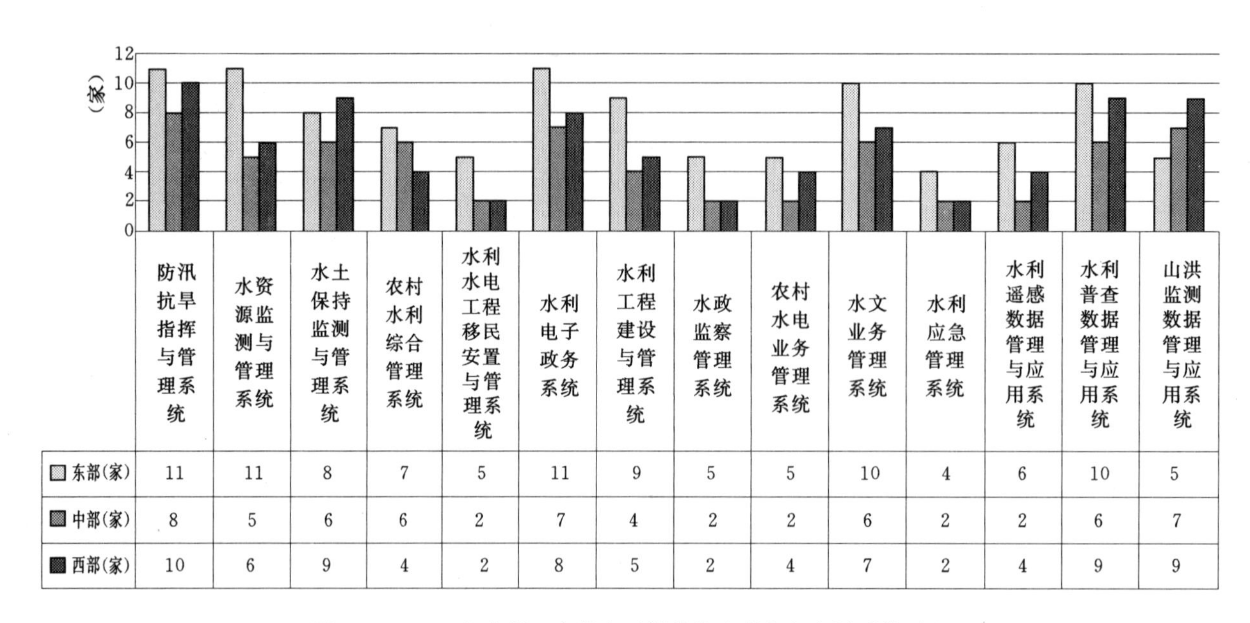

	防汛抗旱指挥与管理系统	水资源监测与管理系统	水土保持监测与管理系统	农村水利综合管理系统	水利水电工程移民安置与管理系统	水利电子政务系统	水利工程建设与管理系统	水政监察管理系统	农村水电业务管理系统	水文业务管理系统	水利应急管理系统	水利遥感数据管理与应用系统	水利普查数据管理与应用系统	山洪监测数据管理与应用系统
东部(家)	11	11	8	7	5	11	9	5	5	10	4	6	10	5
中部(家)	8	5	6	6	2	7	4	2	2	6	2	2	6	7
西部(家)	10	6	9	4	2	8	5	2	4	7	2	4	9	9

图 6-9　2012 年东部、中部和西部单位水利业务应用系统对比

七、2012 年度发展特点

（一）新建项目计划投资大幅度增加

2012 年度省级以上水行政主管部门主持新建的信息化项目共计 190 项，比 2011 年增长 42.86%。尽管 2012 年新建项目不含三大项目的计划投资总额仅 104644.94 万元，比 2011 年稍稍下降（表 7-1），西部地区的总投资较 2011 年均有增长趋势，东部地区以及中部地区比 2011 年均有所下降（表 7-2）。但是，三大项目 2012 年计划投资高达创历史纪录的 100 亿元以上，其中有很大一部分资金直接投入相应的信息基础设施和应用系统建设。三大项目的实施，是继国家防汛抗旱指挥系统工程一期工程之后又一次全国水利行业的信息化建设高潮，不但投资量大、工期集中，而且涉及的建设层级和部门多，对全面提高全国水利信息化的水平和能力有不可估量的重大作用。

表 7-1　　2012 年、2011 年新建项目计划投资情况对比（不含三大项目）

分　类	2012 年	2011 年
新建项目数量（项）	152	133
中央投资（万元）	52438.81	37549.71
地方投资（万元）	41686.39	65098.98
其他投资（万元）	10519.74	3433.13
总投资（万元）	104644.94	106081.82

表 7-2　　2012 年、2011 年新建项目计划投资区域对比情况（不含三大项目）　　（单位：万元）

区域分布	总投资额		中央投资		地方投资		其他投资	
	2012 年	2011 年	2012 年	2011 年	2012 年	2011 年	2012 年	2011 年
东部地区	45937.97	49118.12	4527.00	2490.00	32235.23	45971.09	9175.74	657.03
中部地区	12081.60	18673.92	8423.58	8541.00	3432.02	9590.97	226.00	541.95
西部地区	20336.14	16772.22	13369.00	7886.92	6019.14	6651.15	948.00	2234.15

（二）运行维护条件进一步改善

与 2011 年相比，2012 年的运行维护总经费以及专职运行维护人数均呈增长趋势。2012 年度落实的运行维护经费与 2011 年度相比增幅明显，其中水利部机关增长约 6%，流域机构增长高达 61.51%，地方增长也高达 25.35%，全国总体上增加了 33.14%。

运行维护总经费、专职运行维护人数和专项维护经费的分项统计对比见图 7-1、图 7-2 和图 7-3。

（三）存储能力与数据库库存数据量基本稳定

与 2011 年、2010 年相比地方的存储能力与数据库库存数据量呈增长趋势，总体上全国存储能力与数据库库存数据量保持了基本稳定，略有增长的发展格局，见图 7-4 和图 7-5。

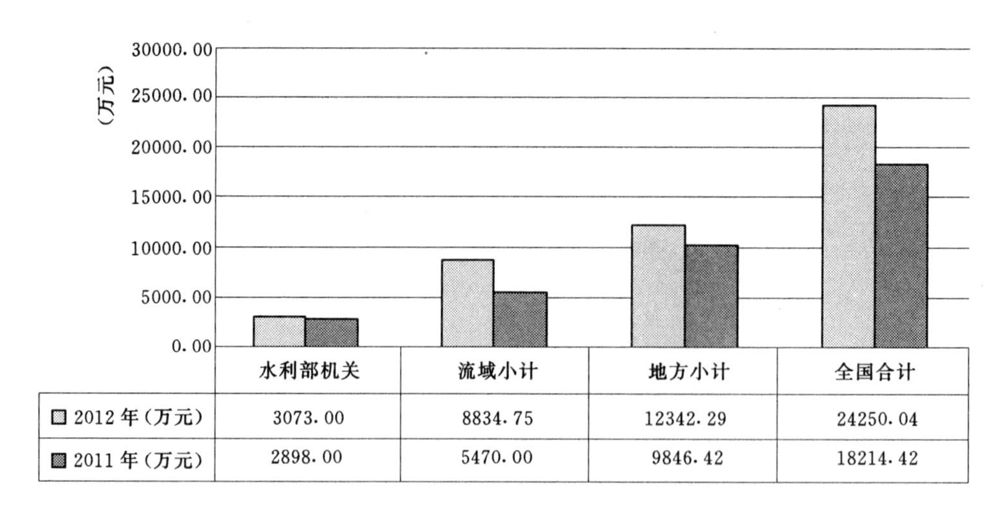

	水利部机关	流域小计	地方小计	全国合计
2012年(万元)	3073.00	8834.75	12342.29	24250.04
2011年(万元)	2898.00	5470.00	9846.42	18214.42

图7-1　2012年、2011年信息化运行维护总经费

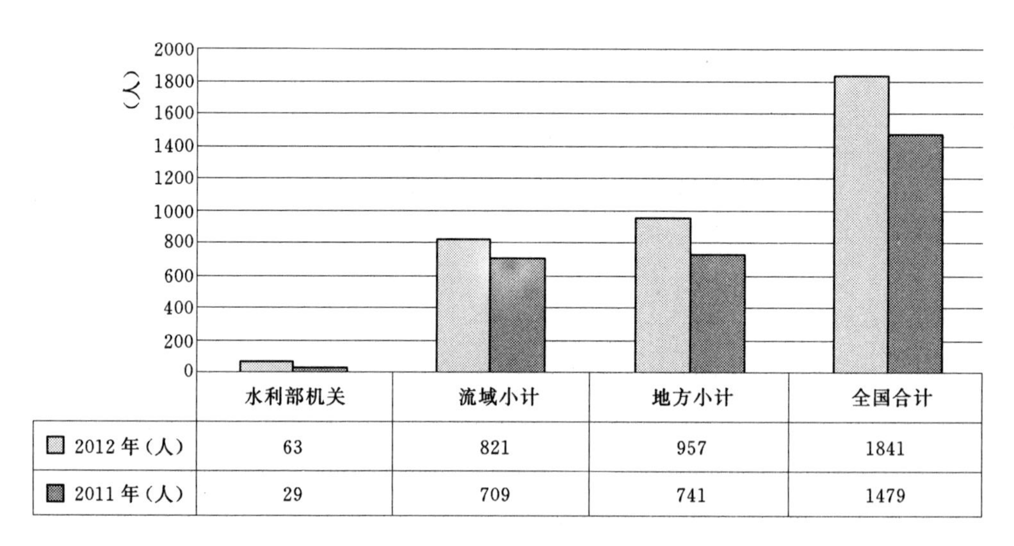

	水利部机关	流域小计	地方小计	全国合计
2012年(人)	63	821	957	1841
2011年(人)	29	709	741	1479

图7-2　2012年、2011年信息系统专职运行维护人数

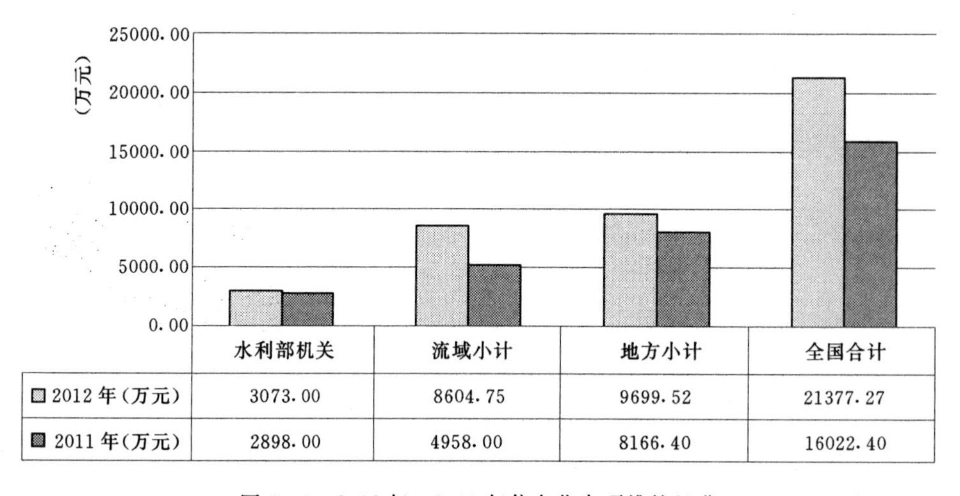

	水利部机关	流域小计	地方小计	全国合计
2012年(万元)	3073.00	8604.75	9699.52	21377.27
2011年(万元)	2898.00	4958.00	8166.40	16022.40

图7-3　2012年、2011年信息化专项维护经费

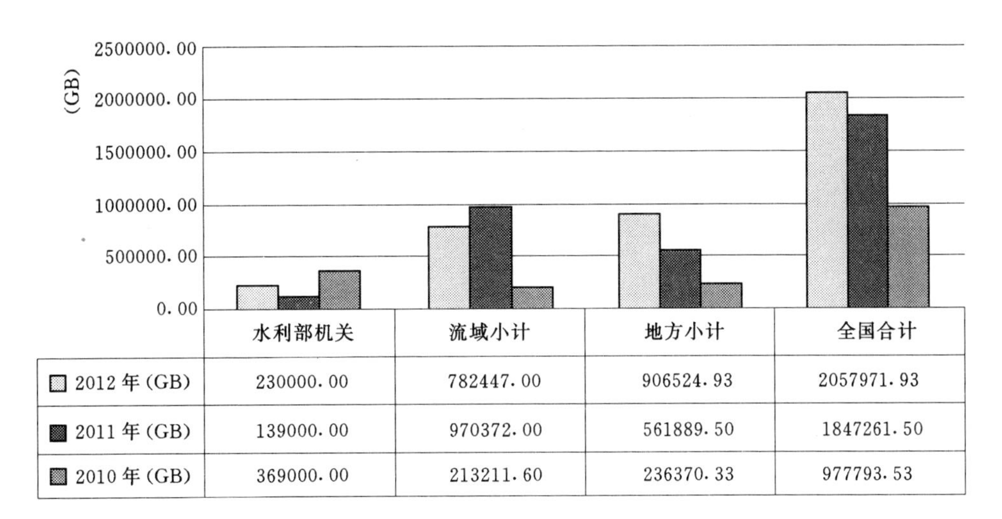

图 7-4　2012 年、2011 年、2010 年总存储能力对比

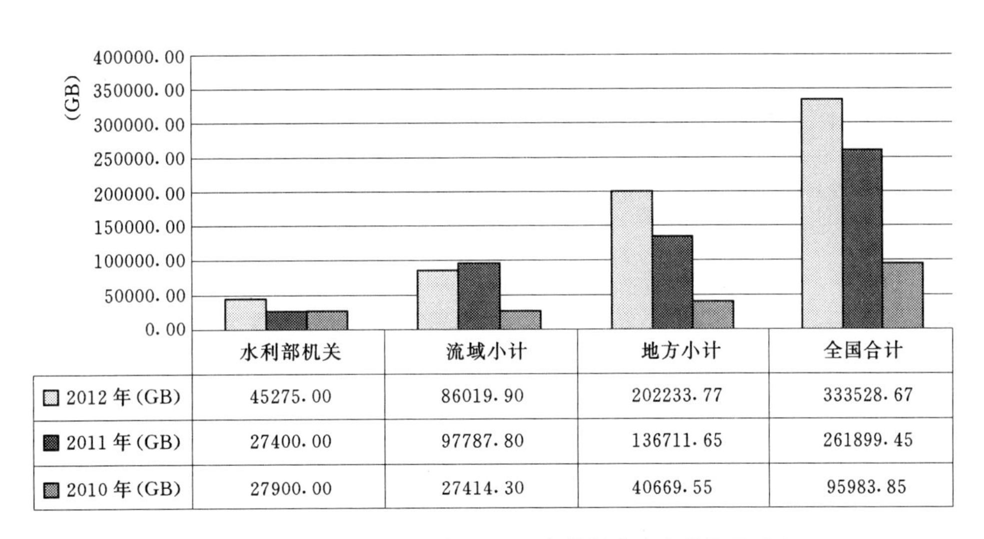

图 7-5　2012 年、2011 年、2010 年数据库库存总数量对比

(四) 信息采集能力显著增强

2012 年的信息采集能力持续增强，总采集点总数以及自动采集点总数均明显增加，各项具体情况见图 7-6、图 7-7，主要原因是水资源监控能力建设、中小河流水文监测和山洪灾害防治县级非工程措施三个项目建设的站点开始投入应用。其中雨量信息采集点、水质信息采集点增长最明显，见表 7-3。

表 7-3　　2012 年、2011 年、2010 年各类采集点分布情况　　（单位：处）

类　别		2012 年	2011 年	2010 年
雨量	总采集点	48284	33011	26951
	自动采集点	34856	24174	19593
水位	总采集点	13674	10749	10724
	自动采集点	10374	7247	7483
流量	总采集点	5220	4329	5182
	自动采集点	1313	1042	818

续表

类　别		2012年	2011年	2010年
地下水埋深	总采集点	12449	11451	15562
	自动采集点	3966	1876	2390
水保	总采集点	363	362	337
	自动采集点	78	69	75
水质	总采集点	11757	8035	8536
	自动采集点	1182	1154	873
墒情（旱情）	总采集点	1826	1578	1766
	自动采集点	974	905	815

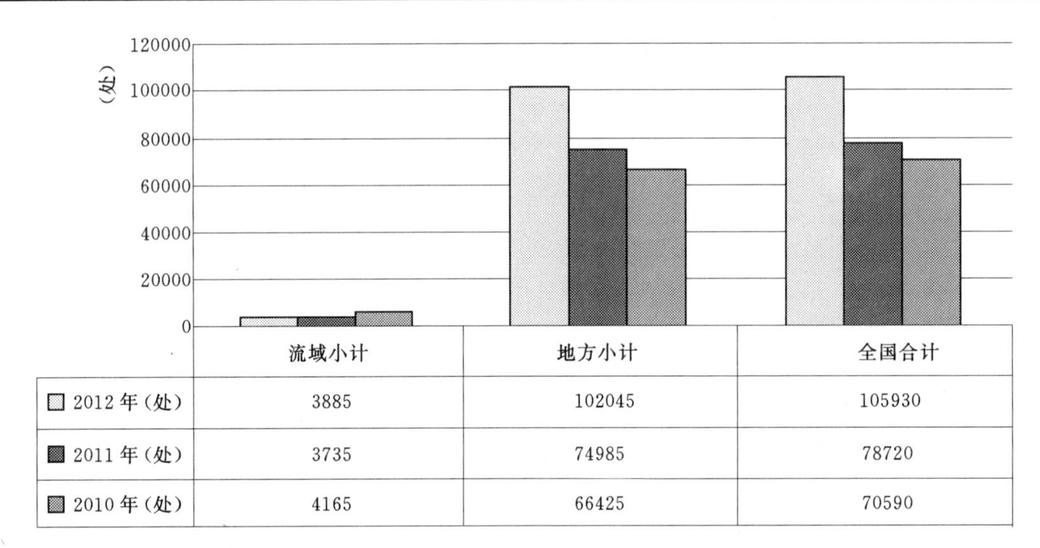

	流域小计	地方小计	全国合计
2012年(处)	3885	102045	105930
2011年(处)	3735	74985	78720
2010年(处)	4165	66425	70590

图7-6　2012年、2011年、2010年总信息采集点数量对比

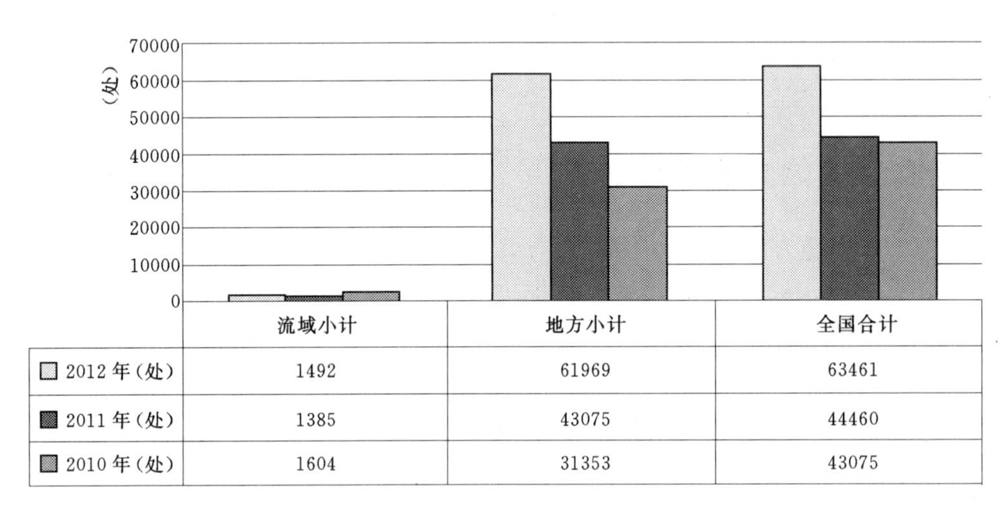

	流域小计	地方小计	全国合计
2012年(处)	1492	61969	63461
2011年(处)	1385	43075	44460
2010年(处)	1604	31353	43075

图7-7　2012年、2011年、2010年自动信息采集点总数对比

八、2013年度信息化发展展望

为了响应全国贯彻落实中央关于加快水利改革发展的决定，推进水利的跨越发展，实现水利信息化建设的快速发展，根据全国水利工作的布局与要求，按照全国水利信息化发展“十二五”规划的精神，2013年度全国水利信息化将在以下方面重点推进。

（一）以“十二五”规划为统领，进一步明确目标

《全国水利信息化发展“十二五”规划》明确提出，“十二五”期间，要通过“五个转变”和“五个统一”，在全国范围内建成与水利改革发展相适应的水利信息化综合体系，基本实现水利信息化，加快促进水利现代化。虽然流域机构和很多地方都开展了水利信息化“十二五”发展规划的编制，但仍有不少单位的规划编制尚未完成。各地各单位一定要按照《全国水利信息化发展“十二五”规划》要求，进一步明确目标、确定任务、采取措施、落实分工，完成好相关规划的编制工作，努力实现“十二五”全国水利信息化发展的总体目标，为水利改革发展提供坚实支撑。

（二）以服务中心工作为主线，进一步推进业务应用

水利信息化只有坚持紧紧围绕和服务水利中心工作，与水利中心工作融为一体，才具有强大的生命力、创造力和持久力。因此，当前和今后一段时期，要围绕解决水多、水少、水脏、水浑等重大水问题和保障民生水利的需求，围绕构建防汛抗旱减灾体系、水资源合理配置和高效利用体系、水资源保护和河流健康保障体系、有利于水利科学发展的制度体系等工作，进一步强化信息化与水利工作的全面、深度融合，以国家水资源监控能力建设项目、国家防汛抗旱指挥系统工程为引领，大力推进水土保持、农村水利、水利工程和移民管理、水利安全生产监督等业务应用，深化水利电子政务应用，逐步形成支撑水利工作的业务应用体系，以水利信息化带动水利现代化。

（三）以“五统一”为抓手，进一步整合资源

资源整合与共享是近期水利信息化工作的重要任务之一，这项工作的好坏将直接影响水利信息化的成败，因此，各地各单位要将其放在更加突出的位置来抓。要实施水利信息化资源整合与共享，就必须坚持统一技术标准、统一运行环境、统一安全保障、统一数据中心和统一门户的“五统一”，这既是工作原则，也是工作目标。在组织保障方面，要建立资源整合与共享的领导协调机制和组织实施机制，统筹规划，顶层设计，明确分工，协力推进。在前期工作方面，要在信息化项目的立项审批环节充分贯彻“五统一”的要求，保证新建系统纳入“五统一”体系。在项目建设方面，应充分利用可共享的资源、避免重复建设，在现有资源不满足需求时，也应在现有基础上扩充完善，并将建设成果纳入已有体系，作为共享资源为整个水利信息化提供服务。在运行维护方面，要建立统一保障体系，优先保障共享资源。

（四）以等保分保为重点，进一步强化网络信息安全

水利网络信息安全是水利信息化发展的一项重要内容。近期要按照等保（国家信息系统安全等级保护）和分保（涉密信息系统分级保护）的要求，重点加强水利重要信息系统和基础网络信息的安全防护能力和监管能力建设，健全完善统一的水利网络信息安全体系，切实保障水利网络信息安全。对于水利政务外网信息系统，要根据等保要求及《水利网络与信息安全体系建设基本技术要求》，加紧完成安全保护等级三级及以上信息系统的安全防护建设。对于涉密信息系统，要严格按照国家涉密信息系统分级保护的相关要求，开展安全保密防护建设。同时，要准确把握政策、标准规范的要求，处理好共享和保密、应用和安全的关系。

（五）以新技术应用为引导，进一步提升技术水平

以云计算、物联网和移动互联网为主要标志的新一代信息技术正在迅猛发展，在很多领域得到成功应用，正对我国经济社会发展产生巨大影响。水利信息化工作应适应这种新形势，积极研究和应用新一代信息技术，着力构建现代水利信息技术应用和创新体系，发挥信息技术对实现水利跨越发展、加快水利发展方式转变的支撑和促进作用。要依托重点实验室等科研平台跟踪研究虚拟化、智能化等先进信息技术，依托水利部工程技术研究中心、科学试验站等科研基地加强遥感遥测等野外科学实验，依托示范基地建设开展4G、物联网、云计算、移动互联网等技术应用示范，并及时总结推广应用。同时，要争取“973”“863”、科技支撑等国家科研计划对水利信息新技术应用的更多支持。

（六）以强化管理为手段，进一步完善保障环境

要根据水利信息化工作推进的需要，健全水利部、流域机构、省级、地市等多层级的水利信息化工作体系，进一步明确职责和分工，并在信息化规划、建设、管理和运行模式等方面进行有益探索。要多渠道保障水利信息化建设的持续投入，建立规范稳定的运行维护经费渠道、保证足额落实。要根据不同人才需求，通过引进、培训、交流、在职教育等方式，加强人才队伍建设。要在水利技术标准体系架构下，完善水利信息化资源标准体系建设。要加强运行维护工作，保障系统的安全稳定高效运行。同时，还要积开展索信息系统建设和运行的绩效评估工作。

九、重点工程进展

（一）国家防汛抗旱指挥系统

2012年，国家防汛抗旱指挥系统项目办主要组织完成了项目二期工程初步设计的编制工作，并通过了水利部水规总院的审查和国家发展和改革委员会评审中心的评审，2012年底由国家发展和改革委员会核定概算，工程建设准备工作正在紧锣密鼓地进行。

1. 总体目标

国家防汛抗旱指挥系统二期工程建设的总体目标是：在一期工程建设的基础上，建成覆盖全国中央报汛站的水情信息采集系统；初步建成覆盖全国重点工程的工情信息采集体系，增强重点工程的视频监视能力；初步建成覆盖全国地县的旱情信息采集体系；提高防汛抗旱移动应急指挥能力；整合信息资源和应用系统功能，扩大江河预报断面范围和调度区域，增强业务应用系统的信息处理能力，提升主要江河洪水预报有效预见期，补充防洪调度方案，优化防洪调度系统，强化旱情信息分析处理能力；扩展水利信息网络，提高网络承载能力，强化系统安全等级，提升信息安全保障水平。构建科学、高效、安全的国家级防汛抗旱决策支撑体系。

2. 主要建设任务

（1）信息采集系统。

建设任务包括：水情信息采集系统、工情信息采集系统、旱情信息采集系统和工程视频监控系统改造、续建和新建工作。

（2）防汛抗旱综合数据库。

建设任务包括：开展防洪工程数据库、实时工情数据库、旱情数据库、社会经济数据库、洪涝灾情统计数据库、地理空间库等的续建和新建工作。

（3）数据汇集与应用支撑平台。

建设任务包括：扩展数据汇集平台的理念和功能，在现有实时水雨情信息汇集系统的基础上，实现全部水情分中心的实时水雨情、墒情信息的逐级汇集；在水利部、各流域机构、各省（自治区、直辖市）及新疆生产建设兵团扩充、完善平台资源。

（4）业务应用系统。

建设任务包括：天气雷达应用系统、洪水预报系统、防洪调度系统、洪灾评估系统、抗旱业务应用系统和综合信息服务系统改造、续建和新建工作。

（5）移动应急指挥平台。

建设任务包括：实施水利部、7个流域机构、31个省（自治区、直辖市）及新疆生产建设兵团的移动应急指挥平台建设，建设具有卫星通信能力的40个应急指挥固定站和47个应急指挥移动站。

（6）计算机网络与安全系统。

建设任务包括：扩展水利信息骨干网络带宽，实施二期工程建设的水情分中心、工情分中心与水利信息骨干网络的广域互联，实施全国范围内县级防汛抗旱单位与水利信息骨干网络的VPN接入，建立与中国气象局、流域气象中心等气象部门的网络连接；建设水利部、7个流域机构、31省（自治区、直辖市）及新疆生产建设兵团网络安全管理平台，完善水利部与7个流域机构安全认证系统，实施国家水利信息骨干网等级保护加固和7个流域机构防汛抗旱业务应用系统信息安全等级保护加固，建立异地数据备份系统。

（7）系统集成与应用整合。

在水利部、7个流域机构、31个省（自治区、直辖市）及新疆生产建设兵团，面向国家防汛抗旱指挥系统一期、二期工程的建设内容以及其他项目建设的已有成果，实施硬件、软件、数据、应用的集成与整合，基本实现网络环境、硬件设备、软件资源、信息资源、应用系统、安全防护等共享利用。

（二）水利电子政务项目

水利电子政务一期工程已经建设完成，2010年通过竣工验收。但是水利电子政务总体上还处于发展的初级阶段，距离当前国家对电子政务发展的新要求、水行政主管部门对业务应用的需求还有一定差距。因此2011年提出"水利政务内网园区网扩展改造及应用系统完善"建设项目，批复经费688万元，分2012年、2013年两年建设完成。主要目标是：基于水利电子政务综合应用平台统一的技术架构、标准与环境，依托已建政务内网和政务外网，升级电子政务支撑软件环境，改造电子政务公用平台，升级完善电子政务业务应用，扩展政务内网覆盖范围，加强政务内网安全保密基础设施，进一步深化水利电子政务应用，实现重点应用之间的业务协同和信息共享，为政务公开、业务协同、辅助决策提供支撑，着力提高政府监管和公众服务能力。

2012年预算经费468万元，当年完成全部支付计划。主要完成工作包括完成实施任务划分，组织完成政务内网邮件系统升级的产品采购，完成内网扩展改造、电子公章扩容、政务文档协同系统开发、密级标识系统、电子政务平台系统升级完善、电子监察系统流域扩展的网上竞价和合同签署，完成综合办公系统升级改造和人事直报系统的公开招标和合同签署。项目主体工作全面启动，定期召开监理例会，按进度要求各承建单位，做好质量控制，经费管理等相关工作。

（三）国家水资源监控能力建设

2011年8月，按照国家水资源管理系统项目建设领导小组《关于组建国家水资源监控能力建设项目办公室的函》（国水建〔2011〕5号）文件的要求，国家水资源监控能力建设项目办公室（下称"部项目办"）依托水利部水文局（水利信息中心）开始筹备并开展项目实施方案修改有关工作，2012年2月，根据水利部《关于组建国家水资源监控能力建设项目办公室的通知》（水人事〔2012〕42号），部项目办正式成立。自部项目办筹备开始一年多以来，部项目办以项目建设管理为中心，以技术管理为抓手，以内部管理为保障，努力开展项目建设与管理各项工作，项目建设管理工作取得了积极进展，较好地完成了2012年工作任务。

一是在项目建设管理工作方面，重点开展了《项目管理办法》制定、机构建设、项目前期、规范主要产品统一选型等建设管理工作。主要开展了以下工作：①组织召开全国项目建设管理工作会议；②出台《国家水资源监控能力建设项目管理办法》；③督促各地建立项目建设管理机构；④组织完成项目主要软硬件产品统一选型议价工作；⑤进一步明确各地区的建设内容；⑥全面开展水利部本级和流域机构项目统一监理工作；⑦协助完成2012年度省项目实施方案审查和2013年度流域项目实施方案审查；⑧组织开展调研、督察及工作交流；⑨加强预算执行进度督促检查工作，推进预算支付进度；⑩编制完成项目《档案管理办法》和《验收管理办法》初稿。二是在项目技术管理方面，重点推进和落实《国家水资源监控能力建设项目实施方案（2012—2014年）》（以下简称《实施方案》）印发、技术标准编制、技术培训等工作。主要开展了以下工作：①组织《实施方案》的修订完善、核定界面断面与编制国际河流保密方案等工作；②组织指导项目建设技术标准的编制；③组织协调中央总设、总集、三级通用和中央平台应用服务系统开发与部署等参建方的技术方案编制和协调工作；④加强技术协调工作；⑤成立专家委员会；⑥成功举办三期建管人员培训班。三是在水利部项目办内部管理方面，做好项目建设的重要支撑。重点开展了机构组建、管理制度制定、交流平台建设和办公系统开发工作。

（四）全国水土保持监测网络和信息系统建设二期工程

2012年主要任务是组织实施好全国水土保持监测网络和信息系统二期工程自验和竣工验收准备工作。在开展松辽流域、辽宁省水土保持数据库与应用系统示范建设的基础上，完成了全国水土保持信息管理系统的开发部署工作，在全国建成了715个水土流失监测点，为其配置监测设备6648台（套）。完成了二期工程档案整理，并通过专项验收；完成了竣工决算工作，通过了竣工审计；举办了以监测点水土流失观测技术、数据整（汇）编方法和全国水土保持监测管理系统使用为主要内容的5期技术培训，共培训省级总站和流域机构中心站的技术骨干800多人次。完成了竣工验收自查工作；全面完成了竣工验收的准备工作，二期工程具备了竣工验收条件。

（五）农村水利信息化

1. 完善农村水利信息系统建设

为满足项目管理和行业管理的需求变化以及扩大数据覆盖范围的需要，2012年，水利部在农村水利管理信息系统的原有基础上，投资290万元建设全国农村水利管理综合数据库。借助综合数据库建设，依托全国农村水利管理信息系统一期的建设成果，以提升行业宏观管理能力、加强项目建设过程控制和工程运行管理为核心，优化整合系统现有功能，强化数据采集实时性，构建农村水利综合应用平台和综合数据库，实现农村水利项目管理、行业管理和日常管理。

目前综合应用平台和数据库框架已基本形成。行业管理系统涵盖农村水利行业规划、投资、工程、管理与改革及相关统计、年鉴等信息，即将开发完成。项目管理系统中大型灌区、大型灌溉排水泵站、农村饮水安全、中型灌区节水改造、规模化节水灌溉示范和东北四省（自治区）节水增粮行动管理信息系统6个管理信息系统完成改造、开发并上线试运行，其余项目管理系统将于短期内完成；日常管理中通知公告、短信服务、内部邮箱和通讯录管理等模块已开发完成，近期将上线试运行。

2. 大型灌区信息化建设

水利部在“十五”和“十一五”期间共开展了50个信息化试点灌区建设，累计完成建设投资4.74亿元，建成信息采集站点4716处，其中，包括水位、闸位、流量、雨量、墒情及水质在内的自动监测站点3222处，闸门及泵站等自动监控站点875处，视频监视619处。试点灌区管理机构基本全部建设了计算机网络系统，共建设信息中心47处，分中心228处，建设终端节点1224处；开发完成灌区业务应用系统352套；信息传输方式以有线、超短波、扩频微波、IC自记、GPRS、短信为主。

截至2012年底，在试点灌区带动下，列入全国大型灌区续建配套与节水改造规划的434处灌区中，有223处灌区不同程度地开展了灌区信息化建设，累计建成各类信息采集监测站点5943处、监控站点2496处、视频监视点2472处；建设信息中心213处，信息分中心532处；开发完成灌区业务应用系统564套；灌区通信网络主要以自建、租用公网及自建与租用公网相结合三种形式，其比例分别占18%、49%和33%。

2012年，为推进灌区信息化建设，根据水利部领导指示精神，在大中型灌区拟组织开展国家灌区监测系统建设试点工作，目前开展选择试点灌区和编制相关实施方案工作；进一步修改完善大型灌区节水改造项目管理系统，体现对灌区节水改造建设情况的适时反映；组织开展了大型灌区节水改造项目建设管理及信息技术推广应用培训，各有关省及灌区管理单位的信息化技术管理人员200多人参加培训。

（六）全国水库移民后期扶持管理信息系统

2012年9月，全国水库移民后期扶持管理信息系统通过了水利部组织的竣工验收。一年来，水利部水库移民开发局认真抓好水库移民信息化建设规划和全国水库移民后期扶持管理信息系统运行维护、应用推广、省级分中心建设等工作，努力通过推进移民工作信息化水平来提高移民工作管理水平。

（1）全国水库移民后期扶持管理信息系统推广应用。

一是截止到2012年底，全国水库移民后期扶持管理信息系统覆盖了中央、省、市、县四级移民管理机构和有关单位，有近3000家单位用户，已发放密钥1万多个。基础数据包括了4000多座大中型水库和2300多万后期扶持人口的基本信息，以及部分库区和移民安置区经济社会、规划计划和资金管理情况的信息；二是在全国水库移民后期扶持管理信息系统上开展移民统计报表应用工作，完成了移民统计报表网上填报工作。

（2）水库移民信息化建设规划。

做好信息系统建设顶层设计，研究部署移民信息化建设规划编制工作。组织编制了水库移民信息化建设规划编制工作大纲。

（3）全国水库移民后期扶持管理信息系统省级分中心建设。

组织研究了省级分中心建设总体框架，明确了省级分中心规划建设的技术要求；研究制定了全国水库移民后期扶持管理信息系统省级分中心建设指导意见和指导手册；组织召开了全国水库移民信息化工作座谈会和全国水库移民后期扶持信息系统省级分中心建设座谈会，对省级分中心建设工作进行动员部署。

（七）水利卫星通信应用系统

水利卫星通信应用系统建设项目为部直属单位基础建设项目。主要在七大流域机构及其水文站、水情分中心、重要的水库和水利枢纽等建设179个卫星小站，解决这些地区的水文报汛、应急通信、视频监视、互联网接入等业务的需求，确保重要信息传递。

项目建设目标：深入贯彻落实科学发展观，紧紧围绕大力发展民生水利，促进传统水利向现代水利、可持续发展水利转变的目标，以需求为导向，坚持统筹兼顾，因地制宜，充分利用现有资源，建设七个流域机构水利卫星通信应用系统，增强防灾减灾通信保障能力，提高流域管理现代化水平。

项目主要建设任务如下。

（1）应急便携型卫星小站（7个）。在七大流域机构各配置1个应急便携型卫星小站，供流域应急抢险调度使用。

（2）其他卫星小站（172个）。在流域的部分水文站、水情分中心、重要的水库和水利枢纽等建设172个卫星小站，主要解决这些地区的水文报汛、应急通信、视频监视、互联网接入、视频会议广播等业务的需求，确保重要信息传递，具体情况如下。

1）在长江流域建设23个卫星通信小站，主要是流域站和水情分中心卫星小站，实现各水文勘测队至水情分中心的语音和数据传输；满足水情分中心至长江委水文局的语音、数据传输和图像传输需求。

2）在黄河流域建设54个卫星小站，其中包括4个水量调度视频监视卫星小站、15个水情分中心站和 35 个水文报汛站。实现语音、数据、图像等防汛综合信息双向实时传输，进一步提升黄河流域水情测报水平。

3）在淮河流域建设 54 个卫星小站（其中流域管辖站 15 个，流域四省管辖站 39 个），其中包括 11 个水库站、22 个水情分中心站和 21 个水文报汛站，以确保淮委及时获取这些测站的水情信息，为防汛减灾提供科学依据。

4）在海河流域建设 11 个卫星小站，其中包括 2 个水情分中心站、3 个水文报汛站、2 个工程管理站、1 个水库站、3 个水政管理站，以确保管理单位与偏远山区工程管理部门、水文站间语音、数据、图像等多种防汛信息传输，为防汛抢险、工程管理提供可靠的应急通信保障。

5）在珠江流域建设 22 个卫星小站，其中流域管辖站 15 个，省管站 7 个。以保证国家重点水文站以及水文基地水文信息传输畅通，实现珠江委与防汛抗旱、防风等业务管理单位以及防洪重点城市间语音通信、数据传输以及视频会商，同时为压咸补淡工作提供可靠通信手段。

6）在松辽流域建设 6 个卫星小站，其中包括 1 个尼尔基水利枢纽站、1 个水情分中心站和 4 个水文报汛站，为水情信息传输、防洪调度提供可靠的应急备用通信手段。

7）在太湖流域建设 2 个卫星小站，其中包括 1 个苏州管理局语音数据站、1 个水文局语音数据站，实现局与直属管理单位间的语音、水文数据等实时信息的传输，为水文水资源监测、重大涉水工程水环境监测和突发性水事故处理提供可靠的应急备用通信保障。

各流域卫星小站业务类型见表 9－1。

表 9－1　　各流域卫星小站业务类型表　　（单位：套）

序号	流域	综合业务小站	语音数据小站	应急便携小站	合计
1	长江流域	11	12	1	24
2	黄河流域	23	31	1	55
3	淮河流域	11	43	1	55
4	海河流域	5	6	1	12
5	珠江流域	21	1	1	23
6	松辽流域	1	5	1	7
7	太湖流域	0	2	1	3
合　计		72	100	7	179

十、水利部年度信息化推进工作

（一）行业管理

（1）组织召开了全国水利信息化工作座谈会暨国家水资源监控能力建设项目建设管理工作会议。

为总结交流水利信息化工作成效和经验，研究部署近期水利信息化重点工作，加快实施国家水资源监控能力建设项目，全面推进水利信息化的发展，于2012年10月29—30日在银川召开了全国水利信息化工作座谈会暨国家水资源监控能力建设项目建设管理工作会议。

胡四一副部长出席会议并作重要讲话，水利部总工程师汪洪主持会议并做总结讲话，相关直属单位、7个流域机构、31个省级水利部门、5个计划单列市、新疆生产建设兵团的水利信息化主管部门、信息中心的负责同志，国家水资源监控能力建设项目建设办公室负责同志参加会议。会议邀请国家信息中心原主任、国家信息化专家咨询委员会高新民委员作了“整合型电子政务发展之路”的专家讲座，安排部水资源项目办作了专题报告，黄委、宁夏等十个单位作了典型交流发言。会上还下发了《全国水利信息化发展“十二五”规划》《2011年度中国水利信息化发展报告》、水资源项目办相关文件、实施方案等会议材料。

这次会议是在全国贯彻落实中央关于加快水利改革发展的决定、推进水利跨越发展的重要时期，水利信息化建设快速发展的机遇期，国家水资源监控能力建设项目全面启动实施的关键时刻召开的一次重要会议，对于做好当前和今后一个时期水利信息化工作具有十分重要的指导意义。与会代表普遍认为，这次会议开得很及时、有内容、有成效，达到了预期目的。

（2）根据水利部领导的批示，协调人事司、水资源司，完成无锡市水务局“水利部物联网技术应用示范基地”挂牌工作，完成了前期考察、报批和授牌等工作。完成了浙江省毛光烈副省长一行到水利部，就浙江省开展的“智慧水务”试点工作座谈的接待工作，参加浙江省台州市“台州智慧水务建设方案”评审工作。

（3）完成了全国人大十一届五次会议第5405号建议、全国政协十一届五次会议第4317号提案的回复工作。

（4）参加水利信息系统安全检查，指导流域机构完成水利政务内网分级保护测评工作，目前7个流域都已经通过国家保密部门的测评。

（5）配合水文局财务处完成审计署对水利普查2010年度和2011年度项目的审计工作，完成审计材料准备等相关工作；配合水利部财务司完成了水利信息系统运行维护经费的审计和督导工作。配合审计署对水利信息化重点项目的审计，协调灌排、水保、移民等单位完成相关材料的准备和实地考察。

（6）受水利部委托，组织完成了“全国水库移民后期扶持管理信息系统”“中国水利教育培训网远程教育系统”“水利业务协同及内外网信息交换系统建设”“防汛通信卫星转发器更替项目”“水利政务内网存储备份系统建设”“水利部机关政务外网信息安全体系及流域机构数字证书身份认证系统建设”“金属结构质量检测信息管理及数据库建设”等项目的竣工验收。

（7）参加黄河流域片水利信息化工作交流座谈会和黄委水利信息系统运行维护定额培训。

（8）完成接待全国民委系统司局级领导干部电子政务与政务公开专题培训班一行50余人到水利部参观调研电子政务与政务公开工作；接待了农业部、环保部和交通部信息中心的信息化调研；参加农业部“金农工程”地方项目的技术认定。

（9）完成了《东北四省区节水增粮行动项目信息化建设与运行管理办法》征求意见回复、办法颁布会签工作。

（二）规划和前期工作

（1）正式印发《全国水利信息化发展“十二五”规划》。

2012年5月3日，水利部印发了《全国水利信息化发展“十二五”规划》（水规计〔2012〕190号）。规划是“十二五”期间全国水利信息化发展的阶段性、纲领性文件和行动指南。对于全国水利信息化事业的长远发展，促进和带动水利现代化，提升水利行业社会管理和公共服务能力，保障水利可持续发展、促进民生改善具有重大意义。规划从“十二五”期间水利信息化发展的总体思想与原则、发展目标与布局、主要任务与项目、保障措施等方面提出了具体设想和要求。

（2）积极参加国家防汛抗旱指挥系统二期工程初步设计、可行性研究报告修改及技术审查工作。

（3）积极参加国家水资源监控能力建设项目（2012—2014年）实施方案完善等前期工作和项目的实施工作。

（4）受水利部委托，组织完成了“黄委重要信息系统安全等级保护可行性研究报告”“海委重要信息系统安全等级保护可行性研究报告”的审查；参加了有关流域信息化项目的咨询和审查。

（5）配合水文局财务处完成2013年度水利普查项目申报工作和系统填报工作；按国务院第一次全国水利普查领导小组办公室的要求，完成2012年度水利普查项目对外委托项目计划上报工作。

（6）配合完成信息中心2013年和2014年小基建的项目申报工作。

（三）标准规范工作

（1）组织完成《水利视频监视系统技术规范》《水利数据中心管理规程》和《水利信息分类》三项标准（送审稿）的审查，目前正在报批中。

（2）配合发展研究中心、移民局、河海大学等单位完成了相关标准的报送和审定工作。

（3）组织完成了历史大洪水数据库表结构与标识符标准的征求意见工作。

（4）参加水利技术标准体系表的修订并承担了水利信息化标准的项目的核准、确认工作。

（四）宣传和交流

（1）组织完成了2011年水利信息化发展调查表的修订和补充完善工作，完成了《2011年度中国水利信息化发展报告》的编辑出版工作。

（2）指导完成6期《水利信息化》杂志正常出版，正开展进入核心期刊选用工作；印发了12期《水利信息化工作简报》，及时通报全国水利信息化工作的进展和取得的成果。

（3）向国家信息中心提供水利信息化建设发展素材，包括“金水工程”等内容；向《水利年鉴》提供水利信息化建设发展情况素材；完成了专题调研报告《2011年水利信息化建设综述及2012年展望》。

（五）组织承担项目的实施工作

（1）根据国务院应急办的统一安排，完成科技支撑计划国家应急平台体系——水利部应急平台技术研发与示范项目的验收工作。

（2）组织完成水利业务协同及内外网信息交换系统建设项目中流程整合与平台完善、网上审批及电子监察系统完善开发、人事劳动教育业务管理应用软件完善与扩展等单项任务验收工作和整体项目的竣工验收工作。

（3）根据国家发改委项目办的统一安排，完成国家自然资源和基础地理信息库项目水利分中心的验收工作。

（4）组织完成了“水利电子政务内网园区网改造及应用系统完善项目”2012年建设任务，完成实施任务划分，组织完成电子公章扩容、内网邮件升级、内容发布系统升级、公用平台升级改造、密级标识管理系统开发、政务文档协同系统开发、电子监察系统流域扩展的网上竞价和合同签署，完成综合办公系统升级改造和人事直报系统的公开招标和合同签署工作，目前各单项任务正在按合同要求执行，预算支付按时序要求完成。

（5）组织“卫星遥感数据传输和地面验证信息组网技术研究”和“卫星遥感水利应用核心机理和关键技术研究”公益科研项目的实施，组织参加项目单位的协调会和技术论证，完成了相关项目的合同委托。

（6）参加“第一次全国水利普查档案验收工作座谈会”，根据会议要求，对水文局承担水利普查项目档案进行梳理，制定工作计划；完成水利普查2010年度和2011年度项目材料的整理，完成项目决算表的填写和项目年度工作总结；组织完成水利普查2010年度和部分2011年度共计12个分项目的验收工作。

（7）参加国普办组织的水利普查培训工作初步验收会，完成《第一次全国水利普查填表上报阶段数据处理业务及专用软件国家级培训工作总结报告》的编写工作；完成了水利普查培训工作的总结；完成信息中心承办的水利普查国家级培训全国共计1300位学员培训证书的制作和发放工作；配合国普办组织召开第一次全国水利普查国家级数据审核汇总信息安全保密工作会议。

附录1 领 导 讲 话

全面实施国家水资源监控能力建设项目 全力提升水利信息化整体水平

——在全国水利信息化工作座谈会暨国家水资源监控能力建设项目建设管理工作会议上的讲话

水利部副部长 胡四一

2012年10月29日

这次会议是在加快推进水利信息化新发展、全面启动国家水资源监控能力建设项目的关键时间节点召开的一次重要会议，主要任务是：进一步贯彻落实中央关于加快水利改革发展的决策部署，总结交流水利信息化工作进展，研究部署近期重点工作，强力推进国家水资源监控能力建设项目，全面提升水利信息化整体水平，为推进水利跨越发展提供有力支撑。

下面，我谈四点意见。

一、充分肯定水利信息化工作成效

自去年全国水利信息化工作会议召开以来，各级水利部门深入贯彻中央决策部署，积极推进水利信息化各项工作，取得了积极进展，为“十二五”水利信息化总体目标的实现奠定了坚实基础。

（一）提高认识，强化措施

重视程度前所未有。2011年中央1号文件和中央水利工作会议明确提出“推进水利信息化建设，全面实施‘金水工程’”“提高水资源调控和工程运行的信息化水平，以水利信息化带动水利现代化”。这些论述强调了“以水利信息化促进和带动水利现代化”的重要性，极大地调动了各方推进水利信息化的积极性和创造性，形成了全行业共同推进水利信息化的强大合力。

各地在落实中央1号文件的工作中将水利信息化作为一项重要内容，进一步明确了水利信息化发展的思路、目标和任务；多地明确了以水利信息化带动水利现代化的发展战略，提出了整体推进“金水工程”，山东将水利信息化工作列入省水利六大体系建设之一，广东、江苏、浙江等地提出要通过推进水利信息化在全国率先实现水利现代化，北京、浙江、江苏、大连、宁波等地提出“智慧水利”或“智慧水务”建设目标，上海提出要建成“智能水网”。全国水利信息化正站在一个新的起点向着实现水利现代化的目标迈进。

投入大幅增加。今年5月，水利部正式印发《全国水利信息化发展“十二五”规划》，各地开展了水利信息化规划的编制工作，海委、珠江委和江西、湖南、江苏、福建、上海等地的水利信息化“十二五”规划正式印发，山东编制完成《山东省“金水工程”建设规划》，这些规划为加快水利信息化发展提供了有力支撑。据初步估计，“十二五”期间国家拟投入近100亿元用于“金水工程”建设，是“十一五”投入的3倍多，其中国家防汛抗旱指挥系统二期工程和国家水资源监控能力建设项目两大工程投资就超过30亿元；广东计划从“十二五”开始用十年时间投入45.6亿元，开展水利信息化“十百千万”工程建设；重庆、江苏“十二五”水利信息化建设将分别投入15亿元和6.5亿元。

管理进一步加强。各地各单位纷纷采取有力措施，强化管理，为水利信息化发展提供有力保障。一是进一步理顺管理体制，强化管理职能。太湖局和河南、宁夏、山西、深圳、厦门等地新成立或明确水利信息化领导、管理和实施部门，山东积极推进市县级水利部门成立相应领导和工作机构，湖北明确信息中心具体组织水利信息化建设并负责运行管理，新疆调整了水利信息化领导组织机构、实行信息化归口管理，福建水利厅成立行政审批服务中心挂靠省水利信息中心。二是为统筹水利信息化建设，根据水利部颁布的《水利信息化顶层设计》的要求，海委、珠江委和江苏、浙江、安徽、甘肃等地积极开展顶层设计工作，全国水库移民信息化建设顶层设计已编制完成。三是多地出台水利信息化建设、管理、投入和考核等方面的制度，规范了水利信息化工作。广东印发《关于在建部分水利工程同步实施信息化建设的通知》，并开发了水利信息化评价管理系统，重庆将信息化工作纳入“禹王杯”水利综合目标考核，山东把水利信息化资金集中纳入水利基金进行统一管理与分配，河南、山东等地将运行管理经费列入部门预算，海委对流域信息化管理体系进行了梳理。

（二）完善基础设施，加强资源整合

基础设施更趋完善。多地水利电子政务外网、水利异地会商视频会议系统联通至县区和基层；福建率先在全国建成500兆省市两级水利数据传输高速网；宁夏建成了20兆宽带水利专网和移动无线数据传输专网，甘肃、广西、江西、辽宁、宁夏、湖南等地建成水利高清视频会议会商系统；内蒙古在重点区域建成了3G视频监测点和卫星应急移动指挥系统；河南、云南建成全省VPN通信网络系统。全国水利卫星通信网已建卫星小站450多个。各地新建的雨情、水情、工情等信息采集系统采用了先进的自动采集和传输模式。

空间数据广泛应用。水利部初步建成了多分辨率、多比例尺、多时相的空间数据共享应用平台。1∶25万、1∶5万电子地图得到广泛应用，北京、天津、上海、江苏、浙江、广东、安徽、福建等地建成和应用了1∶1万电子地图。2.5米高分辨率遥感影像得到普遍应用，北京成功应用了0.2米分辨率的航空遥感影像。福建、安徽、浙江等地初步建成了地理空间信息三维平台。

水利数据中心建设稳步推进。国家自然资源和地理空间基础信息库项目水利资源数据分中心通过验收，建成了8大基础信息库，提供了大量数据服务。黄委、珠江委和上海、广东、山西等地水利数据中心初步建成，浙江、山东、宁夏等地水利数据中心正式立项建设，江西计划投资6330万元建设统一的数据中心。

资源整合取得积极进展。各地纷纷加大水利信息化资源整合与共享力度，取得新进展。宁夏将山洪灾害防治非工程措施项目、中小河流水文监测系统、防汛抗旱指挥系统、水资源监控能力建设等多个重点项目进行全面整合，统筹实施；太湖局初步建成流域水环境综合治理信息共享平台，在全流域初步实现多部门信息共享；北京建成水务综合信息平台，实现政务资源、业务资源的全局共享；安徽提出一个水利数据中心、一张水利信息专网、一张电子地图、一个应用平台的“四个一”整合目标；广东采取资源“统一规划、统一标准、统一开发、统一使用”的“四统一”工作措施；湖南编制了《水利信息化资源整合方案》。

（三）推进重点工程，提升应用效益

国家防汛抗旱指挥系统工程持续推进。一期工程应用成效显著，各地结合实际建成并逐步完善了防汛抗旱指挥系统，这些系统不仅提高了全国防汛抗旱防灾减灾决策支持水平，也对水利信息化发展发挥了重要的龙头带动作用；二期工程进展顺利，可行性研究报告于去年通过国家发改委批复，目前，二期工程初步设计已通过水利部审查，国家发改委组织的概算审核工作即将完成。

国家水资源监控能力建设项目正式启动。国家、流域和省级水资源监控能力建设项目办公室全部成立，项目建设工作有序推进。水利部、财政部联合印发《国家水资源监控能力建设项目实施方案（2012—2014年）》和《国家水资源监控能力建设项目管理办法》；项目主要软硬件产品统一选型议价工作完成，省界断面水量监测建设任务得到确认，项目技术标准编制工作积极开展，三级信息平台统一设计、统一集成和通用软件开发等工作全面铺开。

全国水土保持监测网络和信息系统二期工程全面建成。二期工程建成了水利部水土保持监测中心、7个流域机构中心站、31个省级总站、175个分站和738个监测点，在全国水土保持工作中发挥了不可替代的重要作用，大大增强了水土保持综合防治和生态建设的决策支持能力。目前，二期工程即将开展竣工验收工作。

农村水利信息化工作深入推进。中国农村水利管理信息系统通过了竣工验收，建成了农村水利工作的10类项目管理系统，为农村水利管理提供了有力的技术支撑。“东北四省区节水增粮行动”提出要以信息化推动实现灌溉现代化，并启动了信息化试点建设工作。

全国水库移民后期扶持管理信息系统投入运行。该项目已通过竣工验收，建成了覆盖全国31个省区市及新疆生产建设兵团的3866座大中型水库以及水库库区和移民安置区的2600多个移民管理机构的业务管理平台，实现了后期扶持移民人口、资金信息的动态监管，提高了移民管理工作的信息化水平。

全国山洪灾害防治县级非工程措施项目和中小河流水文监测系统建设进展顺利。这两个项目具有投入大、点多面广、管理复杂、运行维护难等特点，信息系统是项目建设的重中之重。目前，两个项目按计划积极推进，取得阶段成果，完善了水利信息采集点、丰富了信息源，在今年汛期全国防汛和山洪灾害防治工作中发挥了重要作用。

第一次全国水利普查工作即将完成。全方位全过程应用信息技术成为全国水利普查工作的一大特色。普查工作中，通过数字高程、电子地图、遥感影像自动提取河流水系边界、水利工程对象、土壤侵蚀量等信息，利用平台以“一张图”模式集中发布底图和成果，同时积累的海量数据为国家水利数据中心建设奠定了基础。

(四) 推动技术应用，加强安全保障

卫星遥感、云计算和物联网技术得到应用。由水利部水利信息中心统一处理的环境减灾、资源三号等卫星遥感影像数据，在黄河防凌和水资源管理、黑河塔河调水、西南干旱和云南彝良抗震救灾等工作中发挥了重要作用。今年3月，“水利部物联网技术应用示范基地”在无锡市挂牌成立，物联网在水利中的应用取得初步成果；浙江将防台风业务应用搬上“云平台”，8月8日，在防御正面袭击的“海葵”强台风时，网站单日页面浏览突破350万次；浙江台州市启动了“智慧水务”建设试点示范工作；青岛市组建了水利信息服务器集群，实现了小规模的云计算和云存储。福建建成全省基于3G网络通信单兵移动视频监控系统，提高了防汛应急响应能力。

水利网络信息安全体系进一步完善。完成了七个流域机构电子政务内网安全改造建设，并顺利通过国家有关部门的测评；水利电子政务外网建设稳步推进，完成对水利信息骨干网络系统等6个三级系统和4个二级系统的测评与整改，今年2月通过等级测评，黄委、海委重要信息系统等级保护建设可行性研究报告通过水利部审查。7月，水利部信息办在部机关和直属单位开展了信息安全专项检查。各地也积极开展信息安全体系建设工作，海委编制了《海委信息系统等级保护差距分析报告》，完成了机关和直属局的信息系统等级保护备案，安徽编制完成了《重要水利信息系统等级保护安全建设实施方案》，辽宁等地出台水利网络信息安全应急预案。

二、深刻认识水利信息化面临的形势

当前，信息技术飞速发展、应用广泛，国家正在大力推进信息化建设，水利跨越发展处于关键时期，水利信息化正面临新的发展机遇和挑战。因此，我们要认真分析、准确把握新形势、新任务、新要求，着力谋划好推进策略和工作思路，扎实做好各项工作，努力推进水利信息化又好又快发展。

(一) 国家信息化建设提出新要求

加快国家信息化建设是党中央、国务院顺应信息化发展趋势作出的重大战略决策。今年6月，国务院印发《关于大力推进信息化发展和切实保障信息安全的若干意见》，提出要以促进资源优化配置为着力点，加快建设下一代信息基础设施，推动信息化和工业化深度融合，全面提高经济社会信息化发展水平；要坚持积极利用、科学发展、依法管理、确保安全，加强统筹协调和顶层设计，切实增强信息安全保障能力；要努力实现重点领域信息化水平明显提高、下一代信息基础设施初步建成、信息产业转型升级取得突破和国家信息安全保障体系基本形成四项目标。5月，国家发改委印发《“十二五”国家政务信息化工程建设规划》，这是继2002年中办国办印发《关于我国电子政务建设指导意见》十年后出台的加强电子政务建设的又一重要文件，提出了两网、五库、七大信息安全基础设施、十五个重要信息系统的重点任务。这些都是今后一个时期国家信息化发展的重要方向和重点领域，同时也是国家信息化重要组成部分——水利信息化在加快推进、保障安全方面的新任务和新要求。

（二）实行最严格水资源管理制度提出新课题

中央在关于水利改革与发展的决策部署中，明确提出实行最严格水资源管理制度。今年1月，国务院印发《关于实行最严格水资源管理制度的意见》，对实行最严格水资源管理制度作出全面部署，提出要“加强水资源开发利用控制红线管理，严格实行用水总量控制；加强用水效率控制红线管理，全面推进节水型社会建设；加强水功能区限制纳污红线管理，严格控制入河湖排污总量”。实行最严格水资源管理制度，需要健全一系列配套制度和建立相应的技术支撑体系，这些均离不开科学完善的监控手段和全面准确的信息服务。在今年的全国水资源工作会议上，陈雷部长提出，“要逐步建立中央、流域和地方水资源监控管理平台，全面提高水资源监控、预警和管理能力，加快推进水资源管理信息化。当前，要重点抓好国家水资源监控能力项目建设，力争三年基本建成，实现主要控制指标可监测、可评价、可考核”。这一目标和要求非常明确具体，是水利信息化当前亟待解决的新课题和新任务。

（三）水利跨越发展提出新任务

2011年中央1号文件出台和中央水利工作会议召开以来，我国水利事业快速步入历史最好发展时期，全社会兴起大搞水利建设、共推水利发展的热潮，水利跨越发展的态势已然显现。水利信息化作为水利重点领域，其发展也得到了广泛共识和快速推进，水利信息化已基本实现与水利各项工作的初步交汇融合。在今年全国水利厅局长会议上，陈雷部长提出要实现水利跨越发展，须在“搞好水利顶层设计、转变水利发展方式、保障和改善民生、健全水利投入机制”等十个方面下工夫，并提出十项重点任务。这些工作都与水利信息化息息相关，水利业务应用系统的开发和运行，将极大地丰富水利跨越发展的技术手段，有力提升水利建设管理的业务能力和技术水平，引领水利信息化和现代化的发展方向。

（四）信息技术发展提供新动力

以云计算、物联网、移动互联网为代表的新一代信息技术日益发展并逐渐成熟，正深刻影响我国信息化各个领域。这些技术的有机结合与深化应用，将使“计算无所不能、网络无所不在，服务无所不可”，并将在感应、传输、计算、业务应用和服务模式上，对水利工作产生变革性的深刻影响，将会在水文监测预警预报、水利工程运行管理、水资源监控调度、水生态监测保护、水土保持监测和水行政管理等领域得到广泛有效的应用。近几年，江苏、浙江等地在推进新一代信息技术水利应用方面进行了一些有益探索，取得了初步成果，也着实让我们看到了具有数字化、网络化、智能化特点的“智慧水利”的雏形。新一代信息技术正成为水利信息化发展的新引擎和新动力。

虽然水利信息化工作取得了快速发展和显著成效，但面对新形势和新要求，仍存在一些急需解决的突出问题。一是机制体制不健全，少数单位还没有明确信息化的组织和实施部门，部分单位的实施部门职责和任务不明确；二是发展不平衡，区域发展差距大、业务及应用不平衡制约着水利信息化整体效应的发挥；三是资源整合难度大，一方面是技术层面的问题，更关键的是观念和体制机制方面存在的问题；四是水利网络信息安全体系仍比较薄弱，安全工作形势比较严峻；五是队伍结构不合理，缺乏管理人才和技术人才，更缺乏复合型人才。对这些问题我们要高度重视，深入研究，采取有效措施，在今后的工作中切实加以解决。

三、着力加强国家水资源监控能力建设项目建设管理

国家水资源监控能力建设项目是落实最严格水资源管理制度的重要技术支撑和主要工作抓手，是当前和今后一段时期水资源管理工作和水利信息化建设的重中之重。

（一）充分认识国家水资源监控能力建设的重要意义

水资源监控能力是水资源管理工作的技术基础。加强监控能力建设，建立准确、完善的水资源基础数据体系，对水资源开发利用情况进行有效跟踪和及时评价，准确掌握水资源开发利用情况，是实行最严格水资源管理制度的重要手段，因此，水利部党组决定优先实施水资源监控能力和管理系统建设。陈雷部长多次主持召开部长办公会专题研究项目建设有关问题，强调指出“国家水资源监控能力建设项目‘关系到中央1号文件的贯彻，关系到最严格水资源管理制度的实施，关系到节水型社会建设的推进，关系到部党组可持续发展治水思路的落实’”，在项目总体设计、主要功能、系统整合、建设内容、建设重点、传输方式、立项程序和实施安排等方面作出了明确指示，要求项目“三年基本建成，五年基本完善”。陈雷部长的指示具有高屋建瓴的指导意义，我们要认真领会，切实加以落实。

（二）准确把握国家水资源监控能力建设的总体要求

要全面贯彻中央1号文件和国务院3号文件精神。紧密围绕最严格水资源管理制度“三条红线”控制目标要求，用三年左右时间，基本建立与用水总量控制、用水效率控制和水功能区限制纳污相适应的重要取水户、重要水功能区和主要省界断面三大监控体系，建设中央、流域、省三级监控管理信息平台，基本建立国家水资源管理系统，为实行最严格的水资源管理制度提供技术支撑。

要从国家宏观管理和流域辖区管理的需求出发统筹做好总体规划。国家水资源管理信息系统既要覆盖天然水循环监测，又要包括用水监测；既要有水量监测，又要有水质监测；既要加强在线自动监测能力，又要因地制宜做好巡测与配套；既能提供多层级内部管理业务支撑，又要能为社会公众提供信息服务；既要满足国家和流域层面的宏观管理需要，又要兼顾各地的区域精细化管理需要，按照中央、流域、省三个层级和系统建设阶段内容分级分步实施。

要在项目建设中把握好“集中开发、分级部署，整合资源、共享利用，统一标准，确保安全”的原则。在中央做好三级监控管理信息平台总体设计和三级通用软件统一开发的基础上，集中对三级平台共有的应用支撑、数据汇集交换和业务管理系统的功能进行统一开发，各地分别进行定制部署。要按照水利信息化建设“五统一”的目标要求，保证现有各种监测和信息化资源的充分整合、共享利用，发挥最大效能。要做好建设管理标准规范的统一工作，确保中央、流域、省级系统的互联互通、项目的有序进行和高效运用。要强化系统安全，纳入统一的安全保障体系。

（三）扎实做好国家水资源监控能力建设项目实施工作

国家水资源监控能力建设项目是一项庞大的系统工程，具有项目分散、涉及单位多、技术要求高、协调难度大的特点，在水资源管理业务、水量水质监测、信息技术、项目建设管理等各方面都存在亟待解决的技术问题和管理难点。因此，要在三年的时间内实现既定目标，时间十分紧迫，任务极为艰巨。各有关单位要充分认识自己所承担的重大责任和光荣使命，按照确定的目标和任务，进一步加强领导，精心组织，强化措施，全力推进。

要进一步加强组织领导。各级水行政主管部门要进一步提高认识、加强领导、明确职责，逐级落实责任，形成一级抓一级、层层抓落实的工作格局。各级项目办要落实专职人员，逐项细化任务，理顺项目领导小组及办公室、项目办、业务单位和预算执行单位的关系，协调水文、水资源、信息化等部门的工作关系，发挥各自优势，精心组织，认真实施，共同做好项目实施工作。

要进一步落实配套资金。项目建设资金实行中央财政补助与地方自筹相结合的方式，其中中央财政补助资金已经确定，2012年第一批补助资金已经下达。各级水行政主管部门要积极配合财政部门，及时安排地方建设资金，督促项目单位落实自筹资金，确保配套资金到位。要严格执行各项财务制度，按规定的用途安排使用资金，严禁挤占、滞留、挪用财政资金，确保专款专用和资金安全。

要进一步加强建设管理。目前，《国家水资源监控能力建设项目管理办法》已由水利部、财政部联合印发执行，《国家水资源监控能力建设项目管理办法实施细则》即将由水利部出台，《国家水资源监控能力建设项目档案管理办法》和《国家水资源监控能力建设项目验收管理办法》正在制定。各地要结合自身特点，建章立制，加强项目管理，规范内部管理。同时狠抓落实，逐步形成工作流程规范、质量标准科学、考核客观准确、工作高效便捷的制度体系，促进项目实施工作全面开展，确保项目建设进度、质量、效益和安全。

要进一步强化监督检查。各单位在项目实施中，要积极开展专项检查和稽察，对项目前期工作、政府采购、建设管理、资金使用等进行全方位监督指导。各级水行政主管部门要会同财政部门，及时跟踪项目实施进展情况，切实抓好阶段检查、年度考核、验收移交等关键环节，并加强与财务、建管、审计、监察等部门的沟通、协调，监督项目单位严格廉政纪律，切实履行好职责。对检查中发现的违规违纪问题，要追究责任，严肃处理。

四、扎实做好水利信息化近期重点工作

“十二五”时期是水利跨越发展的关键时期，也是水利信息化的发展机遇期，如何抓住机遇、加快发展，取决于我们的认识和思路，取决于我们的决心和信心，也取决于我们的工作态度和力度。近期要重点做好以下几方面工作：

（一）以“十二五”规划为统领，进一步明确目标

《全国水利信息化发展“十二五”规划》明确提出，“十二五”期间，要通过“五个转变”和“五个统一”，在全国范围内建成与水利改革发展相适应的水利信息化综合体系，基本实现水利信息化，加快促进水利现代化。虽然流域机构和很多地方都开展了水利信息化“十二五”发展规划的编制，但仍有不少单位的的规划编制尚未完成。各地各单位一定要按照《全国水利信息化发展“十二五”规划》要求，进一步明确目标、确定任务、采取措施、落实分工，完成好相关规划的编制工作，努力实现“十二五”全国水利信息化发展的总体目标，为水利改革发展提供坚实支撑。

（二）以服务中心工作为主线，进一步推进业务应用

水利信息化只有坚持紧紧围绕和服务水利中心工作，与水利中心工作融为一体，才具有强大的生命力、创造力和持久力。因此，当前和今后一段时期，要围绕解决水多、水少、水脏、水浑等重大水问题和保障民生水利的需求，围绕构建防汛抗旱减灾体系、水资源合理配置和高效利用体系、水资源保护和河流健康保障体系、有利于水利科学发展的制度体系等工作，进一步强化信息化与水利工作的全面、深度融合，以国家水资源监控能力建设项目、国家防汛抗旱指挥系统工程为引领，大力推进水土保持、农村水利、水利工程和移民管理、水利安全生产监督等业务应用，深化水利电子政务应用，逐步形成支撑水利工作的业务应用体系，以水利信息化带动水利现代化。

（三）以“五统一”为抓手，进一步整合资源

资源整合与共享是近期水利信息化工作的重要任务之一，这项工作的好坏将直接影响水利信息化的成败，因此，各地各单位要将其放在更加突出的位置来抓。要实施水利信息化资源整合与共享，就必须坚持统一技术标准、统一运行环境、统一安全保障、统一数据中心和统一门户的“五统一”，这既是工作原则，也是工作目标。在组织保障方面，要建立资源整合与共享的领导协调机制和组织实施机制，统筹规划，顶层设计，明确分工，协力推进。在前期工作方面，要在信息化项目的立项审批环节充分贯彻“五统一”的要求，保证新建系统纳入“五统一”体系。在项目建设方面，应充分利用可共享的资源、避免重复建设，在现有资源不满足需求时，也应在现有基础上扩充完善，并将建设成果纳入已有体系，作为共享资源为整个水利信息化提供服务。在运行维护方面，要建立统一保障体系，优先保障共享资源。

（四）以等保分保为重点，进一步强化网络信息安全

水利网络信息安全是水利信息化发展的一项重要内容。近期要按照等保（国家信息系统安全等级保护）和分保（涉密信息系统分级保护）的要求，重点加强水利重要信息系统和基础网络信息的安全防护能力和监管能力建设，健全完善统一的水利网络信息安全体系，切实保障水利网络信息安全。对于水利政务外网信息系统，要根据等保要求及《水利网络与信息安全体系建设基本技术要求》，加紧完成安全保护等级三级及以上信息系统的安全防护建设。对于涉密信息系统，要严格按照国家涉密信

息系统分级保护的相关要求，开展安全保密防护建设。同时，要准确把握政策、标准规范的要求，处理好共享和保密、应用和安全的关系。

（五）以新技术应用为引导，进一步提升技术水平

以云计算、物联网和移动互联网为主要标志的新一代信息技术正在迅猛发展，在很多领域得到成功应用，正对我国经济社会发展产生巨大影响。水利信息化工作应适应这种新形势，积极研究和应用新一代信息技术，着力构建现代水利信息技术应用和创新体系，发挥信息技术对实现水利跨越发展、加快水利发展方式转变的支撑和促进作用。要依托重点实验室等科研平台跟踪研究虚拟化、智能化等先进信息技术，依托水利部工程技术研究中心、科学试验站等科研基地加强遥感遥测等野外科学实验，依托示范基地建设开展4G、物联网、云计算、移动互联网等技术应用示范，并及时总结推广应用。同时，要争取“973”、“863”、科技支撑等国家科研计划对水利信息新技术应用的更多支持。

（六）以强化管理为手段，进一步完善保障环境

要根据水利信息化工作推进的需要，健全水利部、流域机构、省级、地市等多层级的水利信息化工作体系，进一步明确职责和分工，并在信息化规划、建设、管理和运行模式等方面进行有益探索。要多渠道保障水利信息化建设的持续投入，建立规范稳定的运行维护经费渠道、保证足额落实。要根据不同人才需求，通过引进、培训、交流、在职教育等方式，加强人才队伍建设。要在水利技术标准体系架构下，完善水利信息化资源标准体系建设。要加强运行维护工作，保障系统的安全稳定高效运行。同时，还要积开展索信息系统建设和运行的绩效评估工作。

同志们，水利信息化建设事关水利改革发展全局，发展机遇难得，建设任务艰巨。我们要进一步贯彻落实中央关于水利改革发展的决策部署，紧密围绕水利中心工作和民生水利要求，凝心聚力，真抓实干，加快水利信息化进程，全面提升水利信息化整体水平，扎实推动水利信息化建设再上新台阶！

在全国水利信息化工作座谈会暨国家水资源监控能力建设项目建设管理工作会议上的总结讲话

水利部总工程师　汪洪

2012 年 10 月 30 日

在全体与会代表的共同努力下，全国水利信息化工作座谈会暨国家水资源监控能力建设项目建设管理工作会议圆满完成了各项议程，即将闭幕。下面，我就会议情况作简要总结。

一、会议务实高效，取得圆满成功

这次会议是在全国贯彻落实中央关于加快水利改革发展的决定、推进水利跨越发展的重要时期，水利信息化建设快速发展的机遇期，国家水资源监控能力建设项目全面启动实施的关键时刻召开的一次重要会议，对于做好当前和今后一个时期水利信息化工作具有十分重要的指导意义。

水利部非常重视这次会议，胡四一副部长出席会议并作重要讲话，充分肯定了一年来水利信息化工作取得的成效，深入分析了面临的形势，提出了国家水资源监控能力建设项目建设管理工作的具体要求，并对下一步水利信息化重点工作作出部署。宁夏回族自治区政府高度重视本次会议，郝林海副主席亲自到会并致辞。各流域机构，各省（自治区、直辖市）、新疆生产建设兵团和计划单列市水利（水务）厅（局）的负责同志，部机关有关司局和有关直属单位的负责同志参加了会议。这充分体现了各级水行政主管部门对水利信息化工作的高度重视。与会代表普遍认为，这次会议开得很及时、有内容、有成效，达到了预期目的，主要体现在以下三个方面。

第一，时机关键意义大。2011 年中央 1 号文件和中央水利工作会议对水利信息化提出了明确要求，水利信息化面临前所未有的发展机遇。今年初，国务院印发 3 号文件，对实行最严格水资源管理制度作出全面部署。随后，作为实行最严格水资源管理制度的必不可少的技术支撑——国家水资源监控能力建设项目全面启动。今年 5 月，水利部印发了《全国水利信息化发展“十二五”规划》，全面部署了“十二五”水利信息化发展任务，明确了“十二五”水利信息化发展目标。国家防汛抗旱指挥系统二期工程初步设计，即将全面启动。同时，全国水土保持监测网络和信息系统、全国水库移民后期扶持管理信息系统、全国山洪灾害防治县级非工程措施和中小河流水文监测系统建设等其他重点工程也在积极推进。水利信息化正呈现前所未有的全面快速发展态势。在这样重要的时机召开这次会议，分析形势，统一认识，明确任务，部署工作，对于进一步深入贯彻中央 1 号文件和中央水利工作会议精神，全面实施信息化重点工程，全力提升水利信息化整体水平具有十分重要的意义。

第二，内容丰富效率高。这次会议将全国水利信息化座谈和国家水资源监控能力建设项目建设管理有机结合在一起，内容充实，安排紧凑。会议宣读了水利部、财政部联合印发的国家水资源监控能力建设项目的两个重要文件；邀请国家信息中心原主任、国家信息化专家咨询委员会委员高新民专家作了题为《整合型政务信息化发展之路》的专题讲座；国家水资源监控能力建设项目办作了项目情况专题报告；宁夏水利厅、黄委等 10 个单位进行了典型交流发言；今天上午，与会代表围绕胡四一副部长讲话精神，针对如何做好下一步水利信息化工作和实施好国家水资源监控能力建设项目展开了热烈讨论，刚才，各小组召集人向大会汇报了分组讨论情况。会议还准备了《全国水利信息化发展“十二五”规划》《2011 年度中国水利信息化发展报告》和《国家水资源监控能力建设项目资料汇编》等材料，举办了宁夏水利信息化建设成果展等。可以说，这次会议时间虽短，但内容丰富，安排科学，成效显著。

第三，主题鲜明收获多。这次会议重点对如何推进水利信息资源整合共享和加强国家水资源监控能力建设项目建设管理等议题进行了深入研究和探讨，并提出明确要求和安排，切合当前水利信息化发展的重点、热点和难点，主题明确，大家收获颇多。一是肯定了成绩，振奋了精神。胡四一副部长从工作认识、措施落实、基础设施、资源整合、重点工程、业务应用、技术应用、安全保障等八个方面充分肯定了水利信息化近期的进展和成效，深入分析了水利信息化面临的有利形势和大好机遇，大大地振奋了大家做好水利信息化的精神。随着水利信息化重点项目逐步建设完善，在快捷信息的获取、工作效率的提高、科学全面决策的技术支撑作用日益显现，大家对水利信息化越来越重视。水利信息化的认可度越来越高，已成为水利行业能力建设的重要组成、能力提高的重要内容。二是理清了思路，明确了重点。胡四一副部长在讲话中对今后一个时期的水利信息化工作提出了明确要求，对近期重点工作作出了具体部署，还着重强调了信息资源整合共享和国家水资源监控能力建设的要求。大家普遍认为，推进水利信息化工作的思路更加清晰，目标、任务和要求更加明确；纷纷表示，回去后要狠抓落实，从更高的战略思维，以更坚定的信心，全面推进水利信息化工作。三是交流了经验，开阔了视野。会上，高新民主任讲授了政务信息化的发展历程、“十二五”国家政务信息化发展规划，以及采用移动互联网、云计算等技术整合共享政务信息系统的思路，让大家增长了见识，受到了启迪。这次会议通过典型发言、分组讨论和交流材料等方式，从不同角度、不同侧面介绍了水利信息化建设和国家水资源监控能力建设项目的成功经验和好的做法，各有特色，具有很强的示范和借鉴意义。特别是，宁夏虽然地处西北，经济欠发达，但在水利信息化建设上，这两年创新建管模式，统一平台、统一实施，强化资源整合共享，取得突破性进展。可以说，宁夏水利信息化工作虽然起步晚，但是进步快，值得大家学习借鉴。会上，大家还提出了很多好的意见和建议，我们将在会后认真分析研究，充分吸纳，以完善和改进工作。

二、准确把握会议精神，正确处理好几个关系

胡四一副部长在这次会议上作了重要讲话，我们要认真学习，深刻领会精神实质，全面加以贯彻落实。在学习、贯彻和落实过程中，要着重处理好以下几个关系。

一是重点工程与全面推进的关系。2009年，水利部信息化工作领导小组确定了近期水利信息化建设八大重点工程，这些工程的实施对于推进水利信息化建设、支撑水利改革发展起到非常关键的作用。然而，水利信息化的全面实现，不仅仅是几项重点工程的建设，应该是一个全方位全覆盖的推进。因此，我们一定要处理好重点工程建设和水利信息化全面推进的关系。在推进重点工程建设中，一方面各单位要集中力量，重点攻关，保证顺利实施；另一方面还要发挥重点工程的带动和辐射作用，通过重点工程完善水利信息化综合体系，推进水利信息化资源整合与共享。同时，在推进重点工程的过程中和基础上，还要统筹规划，以点带面，加快信息化与水利工作的全面深度融合，保证“十二五”末在全国基本实现水利信息化的总体目标。近期，我们必须通过国家水资源监控能力建设项目和国家防汛抗旱指挥系统二期工程等重点工程建设，完善基础设施建设，整合数据中心建设，推进协同业务应用，着力提升水利信息化整体水平。

二是项目建设与整合共享的关系。在传统管理模式中，信息系统由各个业务部门分别建设、自行管理，导致“信息孤岛”现象严重，信息系统的作用和效能得不到充分发挥，阻碍了信息化发展和业务应用水平提升。目前，这种现象还不同程度存在，直接影响到水利信息化整体效能的发挥。现阶段，无论从观念上、技术上、措施上，水利信息化都已到了非整合不可的关键时期。我们要积极向有关领导、部门汇报，说明信息化资源整合与共享对提高系统性和效益的重要作用，同时我们还要做好应用部门的工作，使他们摒弃各自为战的传统模式。要通过强化顶层设计，根据“五统一”原则，创新管理模式，充分利用高新技术，进一步推进信息资源整合与共享，这样才能保障信息化健康可持续发展。对于新建项目，在立项、设计等阶段就要充分考虑与现有资源和其他项目的整合和共享；对于已建系统，要充分挖掘可整合与共享的资源，通过各种措施最大程度实现整合与共享。

三是已建系统与新建系统的关系。近些年来，水利信息化发展势头愈来愈好，建设和积累了大量的应用系统，发挥了巨大作用，取得显著成效。当前，新一轮大规模水利信息化建设已经启动，多个

信息化项目即将上马，这些项目中一些是原有系统的后续项目，一些是试点工作基础上的项目，还有一些是新项目。因此，在建设这些项目的过程中，一定要处理好之间的关系。对于已建系统要进一步加强运行维护工作，保障长期稳定发挥效益。对于升级改造项目，一定要注意总结经验，“利旧创新”，既要充分整合共享利用现有资源，更要敢于突破、敢于创新，绝不能搞低水平重复建设。明年，国家防汛抗旱指挥系统二期工程将启动实施，建设中要充分利用一期工程以及其他项目的建设成果，加强系统集成与整合，实现信息资源、网络环境、应用系统、安全防护等的共享。

四是建设与运行的关系。水利信息系统的作用和成效，主要是通过高效稳定安全的运行来实现。如今，水利工作对信息系统的依赖程度越来越强。因此，信息系统运行的好坏将成为衡量水利信息化建设成败的关键。“十二五”时期，水利信息化建设投入将大幅增加，但从目前来看，各地仍不同程度存在重建设、轻管理，有钱建、没钱管，有人建设、没人维护的问题。下一阶段，各单位应深入研究各类水利业务应用系统的特点，制定相应的管理制度和技术规范，加强信息化建设项目的规范化管理与科学评估，明确各类信息基础设施及业务应用的合理生命周期，将所建系统的运行维护管理方案纳入设计内容，特别是要落实运行维护经费、健全维护管理模式，提高运维质量，强化日常管理，并探索采用外包、托管等多种运维方式，使水利信息系统建得成、用得好、可持续。近几年，《水利信息系统运行维护定额》的颁布实施，基本保障水利部和直属单位的信息系统运行维护经费。各地应积极争取参照执行，将维护管理经费纳入部门年度预算，确保系统正常运行，发挥效益。

五是统筹协调与分工负责的关系。水利信息化建设初期，为了满足局部工作和部门业务的需要，单一局部的水利信息化建设是适宜的，但随之而来的是技术异构、信息分割、重复建设、发展不均衡等弊端。随着社会的进步和水利管理方式的转变，对水利业务应用的一体化、全局化及水利信息服务的公开化、社会化要求越来越高，这就决定了水利信息化必须综合考虑，统筹布局，协调不同业务领域的信息化建设，实行统一规划，实施顶层设计，区分轻重缓急，有步骤、有计划、有层次地协同推进。当前，最根本的是要完善理顺管理体制机制，建立科学的水利信息化推进模式。各地要发挥好水利信息化领导机构的作用，总揽全局，统筹协调水利信息化建设，推进水利信息化资源整合与共享。各有关部门在领导机构的统一领导下，分工负责，发挥所长，协同推进。其中，业务应用部门既是信息系统的建设单位也是最终用户，要充分发挥积极性，结合自身业务重点在提出需求、跟踪建设、反馈运行情况等方面下工夫；信息化组织实施部门要为业务应用部门提供充分的指导和技术支持，组织好项目实施，承担好运行维护任务，保障信息系统建好并发挥成效。

三、认真贯彻会议精神，切实做好相关工作

关于会议精神的贯彻落实，我简要提几点要求。

第一，要认真学习传达会议精神。胡四一副部长的重要讲话是当前和今后一个时期水利信息化工作的指导性文件，各单位回去后要认真将会议精神和工作要求向主要领导汇报，向有关部门和人员传达，保证及时到位。同时，应通过召开工作会议、座谈、出台政策文件等多种方式，落实这次会议精神，推动信息化建设。请各单位抓好会议精神贯彻落实情况的反馈，及时反映落实过程中的新情况和新问题，采取针对性措施，切实保证工作落实。

第二，要切实推进国家水资源监控能力建设。国家水资源监控能力建设项目是当前水资源管理和水利信息化的重中之重，各级水利部门要按照胡四一副部长讲话精神，进一步提高认识，加强管理，明确职责，全力推进，确保项目保质保量如期完成。一要切实发挥项目办作用。各级项目办要结合自身特点制定有效的建管模式，合理安排建管人员，制定完善的项目管理制度，审核项目技术设计方案和招标方案，认真做好项目各阶段验收工作，加强对项目各预算单位项目实施的监管与检查。二要加强技术掌控。项目建设要坚持统筹规划、统一标准，部项目办要按照资源共享、协同应用的总体要求，超前安排部署，尽快制定和完善技术标准体系；流域和省项目办要尽快组织修编三年项目技术方案，严格执行统一标准，确保实现中央、流域、省级水资源管理系统之间的资源共享和互联互通。三

要加强资源整合。在项目建设过程中，要注意总体协调，充分利用现有资源，按照“五统一”的要求，注意与其他信息系统建设的关系和联系，避免重复建设。四要加强资金管理。一是落实配套资金渠道，保证建设；二是保证支付进度，按时完成；三是加强资金全过程监管，专款专用。

第三，要结合实际抓好落实。各地水利信息化工作面临的情况各异，因此要按照会议提出的目标和要求，紧密结合各自实际，进一步明确目标，分解细化工作任务，真正做到思想认识到位、责任落实到位、工作措施到位，把会议的各项部署落到实处。下一步工作中，重点要把握好以下几个环节：一要把顶层设计放到更加突出的位置。水利信息化建设是一项影响全局的复杂系统工程，必须要以科学发展观为指导，坚持统筹规划，科学制订顶层设计。发挥顶层设计在规划与项目实施间的桥梁作用，在顶层设计架构下，通过标准规范解决技术的共享协同，通过管理办法解决机制体制的共享协同，通过技术要求解决不同层级间的共享协同，通过前期工作、实施方案、后评估等工作进行控制和管理，最终实现系统间的互联互通、资源共享和业务协同。二要把整合与共享放到更加突出的位置。信息资源整合与共享是当前水利信息化工作的热点和焦点，因此，一定要按照统一技术标准、统一运行环境、统一安全保障、统一数据中心和统一门户的“五统一”原则，下大力气营造推进水利信息化资源整合与共享的良好氛围，将“五统一”原则贯穿水利信息化工作各个环节，向着实现资源优化配置和共享利用、信息的互联互通，应用的业务协同，提升资源利用整体效能的目标迈进。三要把重点工程建设放到更加突出的位置。当前和今后一段时期，首要保证国家水资源监控能力建设项目和国家防汛抗旱指挥系统二期工程两个核心项目的建设，同时，要兼顾推进水利电子政务、水利数据中心、农村水利、水利网络与信息安全保障系统、中小型水库防汛报警通信系统等其他重点项目建设，带动水利信息化整体水平提升。四要把网络信息安全放到更加突出的位置。今年7月，国务院印发《关于大力推进信息化发展和切实保障信息安全的若干意见》，对切实保障信息安全提出明确要求。我们在推进水利信息化建设的同时，要充分考虑安全因素，进一步重视网络安全、系统运行安全和信息保密安全，实现水利信息利用与信息安全保障的协调发展。五要把强化管理放到更加突出的位置。水利信息化建设一方面要紧密结合水利工作的实际，确保用先进技术支撑和带动水利发展，另一方面要结合信息系统的建设，认真梳理和整合水利管理和业务流程，推动机制与体制的创新，建立科学的信息化建设与管理体制。要积极研究理顺项目单一法人和多个法人的管理体制，积极探索和实践统筹共建、重点突破、小步快跑等建设管理模式，研究摸索不同来源资金在整体框架下的统筹使用等措施。

同志们，水利信息化建设势头正劲、形势喜人，任重而道远，我们要按照科学发展观的要求，在部党组治水新思路的指引下，鼓足干劲，开拓创新，全力提升水利信息化水平，为加快实现水利改革发展新跨越作出新的更大的贡献！

附录2 截至2012年末已颁布的水利信息化行业技术标准

序号	标 准 名 称	状态	标准编号
1	水利系统政务信息编码规则与代码（一）	颁布	SL/T 200—97
2	水利工程基础信息代码编制规定	颁布	SL 213—98
3	中国湖泊名称代码	颁布	SL 261—98
4	中国水库名称代码	颁布	SL 259—2000
5	中国水闸名称代码	颁布	SL 262—2000
6	中国蓄滞洪区名称代码	颁布	SL 263—2000
7	水文自动测报系统技术规范	颁布	SL 61—2003
8	水利系统通信业务导则	颁布	SL 292—2004
9	水利系统无线电技术管理规范	颁布	SL 305—2004
10	水利系统通信运行规程	颁布	SL 306—2004
11	水利信息网命名及IP地址分配规定	颁布	SL 307—2004
12	实时雨水情数据库表结构与标识符标准	颁布	SL 323—2005
13	基础水文数据库表结构及标识符标准	颁布	SL 324—2005
14	水质数据库表结构与标识符规定	颁布	SL 325—2005
15	水情信息编码标准	颁布	SL 330—2005
16	地下水监测规范（含地下水数据库表结构与标识符）	颁布	SL 183—2005
17	水利信息系统可行性研究报告编制规定（试行）	颁布	SL/Z 331—2005
18	水利信息系统初步设计报告编制规定（试行）	颁布	SL/Z 332—2005
19	水土保持信息管理技术规程	颁布	SL 341—2006
20	水土保持监测设施通用技术条件	颁布	SL 342—2006
21	水利信息系统项目建议书编制规定	颁布	SL 346—2006
22	水资源实时监控系统建设技术导则	颁布	SL/Z 349—2006
23	水利基础数字地图产品模式	颁布	SL/Z 351—2006
24	水利信息化常用术语	颁布	SL/Z 376—2007
25	水资源监控管理数据库表结构及标识符标准	颁布	SL 380—2007
26	水文数据GIS分类编码标准	颁布	SL 385—2007
27	实时水情交换协议	颁布	SL/Z 388—2007
28	全国水利通信网自动电话编号	颁布	SL 417—2007
29	水利地理空间信息元数据标准	颁布	SL 420—2007
30	水资源监控设备基本技术条件	颁布	SL 426—2008
31	水资源监控管理系统数据传输规约	颁布	SL 427—2008
32	水利信息网建设指南	颁布	SL 434—2008
33	水利系统通信工程验收规程	颁布	SL 439—2009
34	水利信息网运行管理规程	颁布	SL 444—2009
35	水土保持监测站编码	颁布	SL 452—2009
36	人才管理数据库表结构及标识符	颁布	SL 453—2009

续表

序号	标 准 名 称	状态	标准编号
37	水资源管理信息代码编制规定	颁布	SL 457—2009
38	水利科技信息数据库表结构及标识符	颁布	SL 458—2009
39	水利信息核心元数据标准	颁布	SL 473—2010
40	水利信息公用数据元标准	颁布	SL 475—2010
41	水利信息数据库表结构与标识符编制规范	颁布	SL 478—2010
42	水文测站代码编制导则	颁布	SL 502—2010
43	实时水雨情数据库表结构与标识符标准	颁布	SL 323—2011
44	水情信息编码标准	颁布	SL 330—2011
45	水土保持数据库表结构及标识符	颁布	SL 513—2011
46	水利信息处理平台技术要求	颁布	SL 538—2011
47	中国河流代码	颁布	SL 249—2012
48	泵站计算机监控与信息系统技术导则	颁布	SL 538—2012
49	地下水数据库表结构及标识符	颁布	SL 586—2012
50	水利数据中心管理规程	颁布	SL 604—2012

附录3　2012年颁布的水利信息化技术标准

单位名称	标　准　名　称	实施范围	发布时间	标准编号
水利部	中国河流代码	水利行业	2012年8月	SL 249—2012
	泵站计算机监控与信息系统技术导则	水利行业	2012年9月	SL 538—2012
	地下水数据库表结构及标识符	水利行业	2012年7月	SL 586—2012
	水利数据中心管理规程	水利行业	2012年8月	SL 604—2012
黄河水利委员会	数据资源目录及元数据标准	黄委全部单位	2012年11月	SZHH 36—2012
江苏省水利厅	江苏省水文自动测报数据传输规约	江苏省水利行业	2012年2月	
福建省水利厅	福建省水利信息化建设管理办法	福建省水利行业	2012年3月	
	福建省水利网络安全管理办法	福建省水利行业	2012年3月	
	福建省水利网站管理办法	福建省水利行业	2012年3月	
	福建省洪水预警报系统运行管理办法	福建省水利行业	2012年3月	
	福建省水文测验管理办法	福建省水利行业	2012年8月	
	福建省水文资料整编考核办法	福建省水利行业	2012年8月	
	福建省水情信息质量管理办法	福建省水利行业	2012年8月	
湖北省水利厅	湖北省水库信息化建设指导意见（试行）	各市、州、直管市水利（水电、水务）局，厅直各单位	2012年11月	
云南省水利厅	云南省山洪灾害防治县级非工程措施水雨情遥测系统数据通信规约	全省水利行业	2012年10月	
新疆维吾尔自治区水利厅	地（市）州山洪灾害防治监测预警平台建设基本建设要求	新疆水利行业	2012年6月	
	新疆维吾尔自治区水利信息IP地址规划	新疆水利行业	2012年6月	

附录4　2012年全国水利通信与信息化十件大事

（1）《全国水利信息化发展“十二五”规划》正式颁布。

规划提出“十二五”时期国家将投入近100亿元用于“金水工程”建设，规划指导“十二五”时期水利信息化建设，发展民生水利、提升水利管理能力和服务水平，以水利信息化带动水利现代化，促进水利事业的可持续发展具有重要意义。

（2）国家防汛抗旱指挥系统工程持续推进。

一期工程应用成效显著，“国家防汛抗旱指挥系统工程技术研究与应用”项目荣获“国家科学技术进步奖二等奖”；二期工程进展顺利，初步设计已通过水利部审查，国家发改委组织的概算审核工作已经结束。

（3）国家水资源监控能力建设项目全面启动。

2012年，投资19.08亿元的国家水资源监控能力建设项目正式启动，国家、流域和省级水资源监控能力建设项目办公室全部成立，水利部、财政部联合印发国家水资源监控能力建设项目实施方案和项目管理办法，三级信息平台统一设计、统一集成和通用软件开发等工作全面铺开。

（4）新一代水利卫星通信系统正式启用。

防汛通信卫星转发器更替项目通过竣工验收，新一代水利卫星通信主站正式投入运行；覆盖7个流域机构近180个卫星小站一次建成投入运行，在海河流域抗御2012年第9号、第10号台风过程中发挥了重要作用。截止到2012年底，已入网卫星小站487个，其中有10个应急移动指挥车，10个便携式移动通信站。

（5）水利信息化重点项目进展顺利。

国家自然资源和地理空间基础信息库项目水利资源数据分中心通过国家发改委验收；全国水土保持监测网络和信息系统二期工程全面建成；中国农村水利管理信息系统和全国水库移民后期扶持管理信息系统通过竣工验收并投入运行。

（6）第一次全国水利普查空间数据处理成效显著。

完成1：5万电子地图、DEM数据、2.5分辨率遥感影像的制作分发和水利普查对象空间数据采集提取工作；制作24182份水利普查底图文件；完成了国家级空间数据处理，开发了水利普查协查平台，基本建成全国水利普查空间成果库。

（7）水利网络信息安全体系进一步完善。

七个流域机构电子政务内网安全改造建设完成并顺利通过测评；水利电子政务外网三级系统和二级系统的信息系统等级保护测评与整改全面完成。

（8）水利行业政府网站建设取得新突破。

水利部网站在中国政府网站绩效评估中获得第六名，取得历史最好成绩，并荣获2012年政府网站精品栏目奖、中国互联网最具影响力政府网站奖；江苏省水利厅网站获优秀政府网站奖，上海市水务局获上海市政府网站优秀集体称号。

（9）信息新技术应用取得显著进展。

水利物联网技术应用示范基地在无锡市水务局挂牌；浙江省正式启动“智慧水务”示范试点项目建设；云技术在水利行业得到应用并取得成果，“基于云计算的防汛防旱信息集成平台的研究”荣获“2012年度大禹水利科学技术奖一等奖”，并在江苏、福建、黄委等得到应用；卫星遥感在云南彝良地震河湖和水利工程监测、黄河冰凌监测、塔河生态输水监测等工作中得到充分应用。

（10）宁夏水利信息化资源整合取得初步成效。

宁夏水利信息化建设按照“统一技术标准、统一运行环境、统一安全保障、统一数据中心和统一门户”原则，将多个系统统筹实施，建立覆盖宁夏水利全业务统一的水利数据资源环境和共享交换体系，取得显著成效。

附录5　2012年全国水利信息化发展现状

（一）2012年省级以上水利部门颁布的信息化管理制度

单位名称	信息化管理规章制度及相关文件名称	适用范围	发布时间
长江水利委员会	长江委涉密信息系统安全保管管理制度汇编（长办〔2012〕168号）	长江委	2012年4月
黄河水利委员会	关于印发《黄委第一次全国水利普查涉密数据保密管理办法》的通知（黄水普办〔2012〕11号）	黄委水利普查工作	2012年5月
海河水利委员会	海河下游管理局网络运行管理办法	海河下游管理局	2012年6月
松辽水利委员会	松辽流域水资源监控能力建设项目管理办法	松辽流域水资源监控能力建设项目办公室	2012年12月
	松辽流域水资源监控能力建设项目办公室工作制度	松辽流域水资源监控能力建设项目办公室	2012年12月
	松辽流域水资源监控能力建设项目办公室公文处理办法	松辽流域水资源监控能力建设项目办公室	2012年12月
	松辽流域水资源监控能力建设项目办公室工作会议管理办法	松辽流域水资源监控能力建设项目办公室	2012年12月
	松辽流域水资源监控能力建设项目办公室印章使用管理办法	松辽流域水资源监控能力建设项目办公室	2012年12月
	松辽流域水资源监控能力建设项目办公室网站管理办法	松辽流域水资源监控能力建设项目办公室	2012年12月
	松辽流域水资源监控能力建设项目办公室档案管理办法	松辽流域水资源监控能力建设项目办公室	2012年12月
流域小计（项）	10		
辽宁省水利厅	辽宁省水利厅网站及应用系统管理制度（辽水信〔2012〕206）	省水利厅	2012年8月
	辽宁省水利厅网站及信息系统应急预案（辽水信〔2012〕206）	省水利厅、厅直单位	2012年8月
安徽省水利厅	安徽省水利信息中心信息安全文件管理制度	安徽省水利信息中心	2012年12月
	安徽省水利信息中心信息安全工作总体方针	安徽省水利信息中心	2012年12月
福建省水利厅	福建省水利信息化建设管理办法	福建省水利行业	2012年12月
	福建省水利网络安全管理办法	福建省水利行业	2012年12月
	福建省水利网站管理办法	福建省水利行业	2012年12月
	福建省洪水预警报系统运行管理办法	福建省水利行业	2012年12月
	福建省水文测验管理办法	福建省水利行业	2012年8月
	福建省水文资料整编考核办法	福建省水利行业	2012年8月
	福建省水情信息质量管理办法	福建省水利行业	2012年8月
河南省水利厅	河南省水利办公室关于印发《河南省水利厅软件资产管理办法（暂行）》的通知（豫水办秘〔2102〕8号）	河南省水利厅机关各处室	2012年6月
	《河南省水利厅关于加强微博客运用管理工作的通知》（豫水办秘〔2102〕15号）	河南省水利厅机关各处室、厅属各单位	2012年8月

续表

单位名称	信息化管理规章制度及相关文件名称	适用范围	发布时间
湖南省水利厅	湖南水利信息化管理办法	全省水利行业	2012年1月
云南省水利厅	全省视频会商系统使用及管理制度	全省水利部门	2012年6月
甘肃省水利厅	甘肃省水利厅关于印发《甘肃省水利信息化建设管理暂行办法（试行）》的通知	甘肃省水利系统	2012年10月
	关于印发甘肃抗旱防汛视频会议会商系统运行管理办法（试行）的通知	甘肃省水利系统	2012年7月
新疆维吾尔自治区水利厅	某重点河流域建管局计算机软件管理制度	某重点河流域建管局建管局	2012年8月
新疆生产建设兵团水利局	兵团中小河流水文监测系统项目建设管理办法	全兵团	2012年9月
	兵团水资源监控能力建设项目管理办法	全兵团	
地方小计（项）	20		
全国合计（项）	30		

（二）2011年省级以上水利部门编制的信息化项目前期文档

单位名称	前期文档名称
水利部机关	水利视频分会场骨干弱电系统改造
	水利政务内网园区网扩展改造及应用系统完善
	水利异地会商视频会议系统改造
	水利部水利水电规划设计总院政务内网安全保密改造
长江水利委员会	陆水试验枢纽管理局防汛网络改造及会商系统建设可行性研究
	陆水试验枢纽管理局防汛网络改造及会商系统建设初步设计
	长江委数据中心可研报告
	长江委政务外网等级保护可研报告
黄河水利委员会	黄河综合决策会商支持系统可行性研究报告
	黄河综合应急响应及指挥管理支持系统可行性研究报告
	黄委重要信息系统安全等级保护可行性研究报告
	黄河下游陶城铺至河口河道清障遥感监测可行性研究报告
	黄河下游陶城铺至河口河道清障遥感监测初步设计报告
	黄河数据中心灾备中心建设实施方案
	黄河防汛通信交换网中心局改建可行性研究报告
	“数字黄河”工程移动应用平台建设实施方案
	黄河光纤宽带网建设可行性研究报告
	黄河基础水信息服务系统建设可行性研究报告
	黄河遥感技术应用实施方案
淮河水利委员会	淮委政务内网互联项目可研报告
	淮委政务内网互联初步设计报告
	淮河数据容灾备份中心可行性研究报告、项目申报书
	合肥科研基地信息化基础设施设计报告
	淮委防汛抗旱指挥系统二期工程初步设计

续表

单位名称	前期文档名称
海河水利委员会	海委重要信息系统等级保护可行性研究报告
	海委引滦局潘大水库微波通信系统改建工程项目可行性研究报告
	滦河流域旱情自动监测系统示范项目可行性研究报告
	潘大水库工程视频监控系统改扩建工程项目可行性研究报告
	潘大水库水情自动测报系统改扩建工程项目可行性研究报告
	海委引滦局工情信息采集与整合项目可行性研究报告
	潘家口大坝安全监测系统改扩建工程项目可行性研究报告
	潘家口水库西城峪副坝综合监控系统工程项目可行性研究报告
	大黑汀大坝安全监测系统改建工程项目可行性研究报告
	潘大水库闸门监控系统改扩建工程项目可行性研究报告
	海委引滦局工程地质灾害监测预警系统工程项目可行性研究报告
	引滦沿线工情及水雨情共享平台项目可行性研究报告
珠江水利委员会	国家防汛抗旱指挥系统二期工程珠江流域初步设计报告
	珠江流域水资源监控管理信息平台（2012—2014 年）建设实施方案
	珠江委信息化基础设施总体架构设计
	珠江委一体化综合集成服务平台设计
	珠江防总防汛抗旱应急视频通信系统建设项目可行性研究报告
	珠江委办公通信网络及机房环境更新改造工程可行性研究报告
	珠江委移动办公系统建设项目可行性研究报告
	国家水资源监控能力建设项目珠江流域技术方案（2012—2014 年）
	珠江委云计算中心机房建设方案
松辽水利委员会	国家防汛指挥系统二期工程初步设计报告
	松辽委防汛会商室系统改造项目可研报告
	松辽委政务外网网络系统改造项目可研报告
	松辽委政务外网安全系统建设目可研报告
	松辽水利数据中心建设项目可研报告
太湖流域管理局	国家防汛抗旱指挥系统二期工程太湖流域项目初步设计
	太湖局重要信息系统安全等级保护可行性研究报告
	太湖流域防汛调度会商系统更新改造项目可行性研究报告
	太湖局信息化顶层设计
	太湖流域水文应急机动监测队建设项目实施方案
流域小计（项）	51
北京市水务局	国家水资源监控能力建设北京市技术方案（2012—2014）
天津市水利局	天津市水资源管理监控能力建设实施方案
	天津市水环境在线监测监控系统初步设计
	天津市水务局电子文件管理系统建设方案（国家试点工作）
	天津市水务业务平台建设可研报告
	天津市防汛抗旱信息化规划编制工作大纲
	天津市排水泵站远程监测控制系统（二期）初步设计
	天津市排管处综合办公系统建设方案
	天津市排管处综合办公系统项目建议书

续表

单位名称	前期文档名称
山西省水利厅	山西省地下水监控项目成果报告
内蒙古自治区水利厅	内蒙古移动应急指挥系统实施方案
	内蒙古水利信息化规划大纲
	内蒙古黄河防凌防汛决策支撑平台可行性研究报告
辽宁省水利厅	辽宁省国家防汛抗旱指挥系统二期工程初步设计
	辽宁省防汛抗旱减灾应急指挥决策系统一期项目需求说明书
	关于上报辽宁省国家水资源监控能力建设项目（2012—2014年）建设内容与预算核实结果的函
上海市水务局	国家水资源监控能力建设项目（上海部分）
	水务专业网格化管理平台
	上海市水务海洋行政审批网上办事系统
	苏州河堤防设施安全监测
	苏州河市管水闸泵站自动监控
	防汛视频会商扩容改造
安徽省水利厅	安徽省水利信息化发展“十二五”规划
	国家防汛抗旱指挥系统初步设计（安徽省部分）
	安徽省水文事业发展规划（含信息化建设）
	固定资产管理系统
	淠史杭灌区信息化规划及近期实施方案
	安徽省枞阳江堤普济圩段重要涵闸、险工险段、重要部位可视化工程
	蚌埠闸枢纽信息化建设方案
	安徽省淮干防洪工程防汛及管理信息化系统规划设计报告（送审稿）
	水科院检测楼网络系统
	水科院视频监控系统
	防汛抗旱指挥系统更新
	临淮岗综合利用工程实施方案（水利信息化部分）
	网络监视平台系统
福建省水利厅	福建省国家防汛抗旱指挥系统二期初步设计报告
	福建省防汛指挥决策支持系统升级改造（二期）初步设计方案
	福建省水资源管理系统
	福建省中小河流水文监测系统2012—2013年建设项目
	2012年度山洪灾害防治县级非工程措施项目建设
江西省水利厅	江西省水利数据中心建设实施方案
	江西省水利信息化发展“十二五”规划
	江西省水资源监控能力建设实施方案编制
	江西省南车灌区信息化建设规划
	江西省锦北灌区信息化建设规划
山东省水利厅	省级“金水工程”建设规划（2011—2015）
	“金水工程”一期实施方案
河南省水利厅	河南省水资源管理系统

续表

单位名称	前期文档名称
湖北省水利厅	国家水资源监控能力建设项目湖北省技术方案（2012—2014年）
湖北省水利厅	湖北省水资源管理系统建设实施方案
广东省水利厅	广东省水资源管理系统（水资源监控能力）可行性研究报告
广东省水利厅	东莞市水务数据分中心项目建议书
广东省水利厅	佛山市水资源管理系统项目建议书
广东省水利厅	佛山市水利工程建设管理系统二期项目建议书
广东省水利厅	广东省中小河流水文监测系统2012—2013年实施方案
广东省水利厅	广东省中小河流洪水预警预报方案
广东省水利厅	中山市水利信息化综合业务系统可行性研究报告
广东省水利厅	珠海市水利工程建设与管理系统项目可行性研究报告
广东省水利厅	珠海市三防指挥系统项目可行性研究报告
广西壮族自治区水利厅	广西中小河流水文监测系统预警预报服务系统实施方案
重庆市水利局	国家水资源监控能力建设项目重庆市2012年度省级项目实施方案
重庆市水利局	重庆市水利电子政务移动办公平台实施方案
四川省水利厅	广安市省—市—县视频会商系统
四川省水利厅	广安市水务局办公系统
四川省水利厅	数字化校园建设1期
四川省水利厅	巴中市防汛减灾应急预警指挥系统
四川省水利厅	水文监测系统
四川省水利厅	宜宾市水务局门户网站
四川省水利厅	小型水库动态预警监管系统
四川省水利厅	中小河流水文监测系统
四川省水利厅	2012年度山洪灾害防治县级非工程措施建设项目
四川省水利厅	都江堰外江灌区信息化三期
云南省水利厅	云南省水利信息化整体推进方案项目建议书
云南省水利厅	云南省水利厅机关网络安全整改方案
云南省水利厅	云南省××水库管理信息化试点方案
云南省水利厅	云南省水利厅大展显示系统方案
云南省水利厅	云南省抗旱管理信息系统项目建议书
甘肃省水利厅	国家防汛抗旱指挥系统二期工程甘肃省初步设计报告
甘肃省水利厅	天水市水利视频会议会商信息平台（天水市防汛抗旱视频会商中心）实施方案
青海省水利厅	国家水资源监控能力建设青海省2012年建设内容实施方案
青海省水利厅	国家水资源监控能力项目青海省（2012—2014年）技术方案
青海省水利厅	青海省2012年度中小河流水文监测系统项目实施方案
宁夏回族自治区水利厅	宁夏水资源监控能力建设项目
宁夏回族自治区水利厅	国家防汛抗旱指挥系统二期工程项目（宁夏子系统）
新疆维吾尔自治区水利厅	新疆水利厅信息化“十二”五规划
新疆维吾尔自治区水利厅	新疆山洪灾害防治非工程措施自治区级平台建设实施方案
新疆维吾尔自治区水利厅	国家防汛抗旱指挥系统二期工程新疆维吾尔自治区初步设计报告
新疆维吾尔自治区水利厅	某重点河流域建管局水情测报系统数据处理及预报会商升级改造技术

续表

单位名称	前 期 文 档 名 称
新疆维吾尔自治区水利厅	某重点河流域建管局南岸干渠管理站监控系统技术方案
	某重点河流域建管局网上通用考试系统设计方案
	某重点河流域建管局网络信息获取及手机短信发送系统设计方案
新疆生产建设兵团水利局	新疆生产建设兵团水利信息化发展“十二五”规划
	国家防汛抗旱指挥系统二期工程新疆生产建设兵团初步设计
	新疆生产建设兵团山洪灾害防治县级非工程措施建设2012年度实施方案
	兵团水资源监控能力建设
地方小计（项）	95
全国合计（项）	150

（三）2012年信息化新建项目清单

单位名称	新建项目名称（含三大项目）
水利部机关	水利视频分会场骨干弱电系统改造
	水利政务内网园区网扩展改造及应用系统完善
	水利异地会商视频会议系统改造
	水利部水利水电规划设计总院政务内网安全保密改造
	国家水资源监控能力建设
	数字全媒体传播平台
长江水利委员会	第一次全国水利普查
	国家水资源监控能力平台建设
黄河水利委员会	黄河水量调度管理系统
	黄河设计公司综合办公系统建设
	黄河设计公司内外网分离建设
海河水利委员会	海委信息中心防汛业务系统设备水毁修复
	水利部至海委通信干线改造工程
	国家水资源监控能力建设项目
	四女寺、馆陶及岳城微波站防雷改造工程
	漳卫南局防汛视频会议系统应急完善
	漳卫南局2012年水毁项目项目中心交换机及下属局网络设备改造
	漳卫南局2012年水毁项目项目程控交换机改造
	四女寺枢纽安防工程
	西河闸、独流减河进洪闸工程视频监控设施应急完善
	漳河上游水量实时监控及调度管理系统
珠江水利委员会	珠江流域水资源监控能力建设项目
松辽水利委员会	国家水资源监控能力建设项目
	察尔森水库管理局机房中心控制室改造项目
	松辽委水情会商系统改造
	松辽委卫星系统建设
太湖流域管理局	太湖流域水资源监控能力建设
流域小计（项）	21

续表

单位名称	新建项目名称（含三大项目）
北京市水务局	北京市水务信息共享交换平台升级改造
	北京市水务廉政风险防控二级监察平台
	北京市水务局下属事业单位公开招聘报名系统
	北京市水务局水务改革发展推进办公室网站建设项目
	万方数据使用费
	水务局正版化软件采购
	北京城市洪涝灾害应急移动系统
	北京市城市暴雨洪水分区域调度系统
	官厅山峡防汛卫星雨水情遥测系统改造
	国家水资源监控能力建设项目（北京）2012年建设任务
天津市水利局	局办公系统公文档案数据迁移项目
	市水务局与武警天津总队联网及卫星车音视频等信息共享项目
	天津市水务局人员信息管理系统建设项目
	引滦信息系统思科光纤交换机安装调试
	引滦沿线机房UPS蓄电池安装调试
	引滦沿线视频监视系统更新项目安装调试
	天津市防汛抗旱三维数字系统建设
	天津市防汛调度中心会商室改造项目
	天津市防汛重点闸站工程视频应急建设项目
	天津市排水泵站远程监测控制系统（二期）
	天津市排水管理处积水点视频设备及中心设备
	天津市排管处综合办公系统
	天津市排水积水点视频监测
	北三河处马营闸等四座基层闸站视频监控系统建设
	大清河处会议室改造及防汛会商系统建设
山西省水利厅	山西省水资源监控项目
	黄河水量调度
内蒙古自治区水利厅	内蒙古移动应急指挥系统
	内蒙古水利信息化规划大纲
	内蒙古黄河防凌防汛决策支撑平台
辽宁省水利厅	辽宁省国家防汛抗旱指挥系统二期工程
	辽宁省防汛抗旱减灾应急指挥决策系统（二期）
	辽宁省国家水资源监控能力建设
吉林省水利厅	吉林省防汛雨量监测自动测报系统
黑龙江省水利厅	三维设计推进
	无线视频监控系统
上海市水务局	国家水资源监控能力建设
	上海全市供水水质质量监控系统
	市区两级水务行政审批互联互通管理平台（一期）
	上海市下立交积水自动监测系统（二期）

续表

单位名称	新建项目名称（含三大项目）
上海市水务局	上海市水情综合管理系统
	基于遥感和GIS的上海市河道变化调查（2012年）
	水务（海洋）建设管理服务平台
	水务科研管理服务平台
浙江省水利厅	水政执法监督管理能力建设（一期）
	水利工程建设项目库（二期）建设
	省防汛指挥中心会商环境改造
	水利普查数据处理
	数据中心存储及备份系统建设
	水利普查业务基础环境建设（二期）
	水利普查数据管理（二期）
安徽省水利厅	水利部高清视频会议系统改造
	安徽省防汛抗旱地理信息系统（分项）
	防汛抗旱短信群发和传真群发系统改造
	安徽省防汛抗旱汇报演示系统
	省水利信息中心机房视频监视隔热处理
	水利厅门户网站防篡改和WEB应用防护
	防汛抗旱图片管理软件开发
	省防汛抗旱会商显示系统应急完善
	水文局中小河流雨量自动测报系统
	水电学院财务管理系统
	安徽省枞阳江堤普济圩段重要涵闸、险工险段、重要部位可视化工程
	安徽省普济圩长江河道管理局办公区监控
	蚌埠闸信息化建设项目
	安徽省水资源取水实时监测与管理系统
	水科院检测楼网络系统
	水科院视频监控系统
	防汛抗旱指挥系统更新
	佛子岭水库管理处移动OA系统
	佛子岭水库视频系统三期改造
	佛子岭车辆实时监控系统
福建省水利厅	福建省水资源管理系统
	福建省中小河流水文监测系统2012—2013年建设项目
	福建省2012年度县级山洪灾害防治非工程措施项目
	3G单兵移动视频监控系统
江西省水利厅	江西省水利数据中心
	江西省综合数据库二期基础地理空间数据服务
	江西省网络安全与管理（三期）
	江西省综合数据库二期防洪工程数据库整编
	江西省综合数据库二期GIS空间数据库

续表

单位名称	新建项目名称（含三大项目）
江西省水利厅	江西省防汛会商视频系统二期
	江西省水利厅大楼LED水利查询项目
	水利厅水利普查涉密分区建设
	江西省综合数据库二期产品采购
	江西省水利厅机房空调改造项目
	江西省大型水库视频监控修复改造
山东省水利厅	山东省金水工程信息化省级一期建设项目——机房系统
	山东省金水工程信息化省级一期建设项目——数据中心一期软件开发
	山东省金水工程信息化省级一期建设项目——联网应用软件开发
	山东省金水工程信息化省级一期建设项目——系统设备集成
	山东省金水工程信息化省级一期建设项目——监理
	水资源监控能力建设一期
河南省水利厅	河南省水资源管理系统市中心建设项目
	河南省山洪灾害县级预警平台项目
	河南省水利电子政务系统建设项目
湖北省水利厅	湖北省水利业务应用系统地理信息共享服务平台（二期）
湖南省水利厅	移动视频采集系统
广东省水利厅	东莞市城市内涝自动监测系统
	广东省东江水资源水量水质监控系统
	韩江流域生产管理综合信息系统
	韩江流域水资源管理地理信息平台项目
	江门市大中型水库视频监控系统二期工程
	汕头市三防指挥系统二期
	广东省水文局协同办公平台升级改造项目
	中山市中顺大围工程调度系统
	中山市张家边泵站自动控制系统
	中山市福隆泵站自动控制系统
	中山市三防水文遥测系统升级改造项目
	中山市水利工程质量监督管理系统
	中山市长坑三级水库安全监测系统
	河源市山洪灾害县级非工程措施
	惠州市水务三防会商系统升级项目
	办公自动化系统扩建
	清三公路段防汛通信光缆应急迁改工程
	北江大堤防汛监控系统应急修复工程
	北江大堤防汛工情信息管理系统应急改造工程
广西壮族自治区水利厅	12个水情分中心改造
	桂南沿海防洪防潮预警预报系统
	水文位站新建及改造
	1894雨量站建设
	水利厅内外信息网改造
	水利厅OA系统升级

续表

单位名称	新建项目名称（含三大项目）
重庆市水利局	市级水资源监控能力建设项目一期工程建设
	国家水资源监控能力建设项目重庆市2012年度省级项目
	重庆市村镇水厂信息管理系统
	重庆市水利工程资金资产及概算管理系统
	河道采砂智能监控系统
四川省水利厅	广安市2011年中小河流水文监测系统
	四川水利职业技术学校数字化校园第1期
	省水产局四川省珍稀鱼类国家级自然保护区信息化建设
	2011年中小河流水文监测系统
	乐山市2011年中小河流水文监测系统
	乐山市2012—2013年中小河流水文监测系统
	市中区、沙湾区、五通桥区、金口河区、井研县、犍为县山洪灾害防治县级非工程措施
	绵阳市中小河流水文监测系统建设
	山洪灾害防治县级非工程措施
	宜宾市水务局门户网站
	水文监测系统
	山洪灾害县级非工程措施
	2012年度山洪灾害防治县级非工程措施建设项目
	小型水库动态预警监管系统
贵州省水利厅	2012年度山洪灾害防治非工程措施建设项目
	国家水资源监控能力建设项目（2012—2014年）
云南省水利厅	云南省水利厅会商室改造
甘肃省水利厅	甘肃省中小河流水文监测系统建设项目
	甘肃省景泰川电力提灌管理局水量远程监测系统项目
	天水市水利视频会议会商信息平台（天水市防汛抗旱视频会商中心）
	甘肃省酒泉市防汛抗旱视频会商系统（一期）工程
青海省水利厅	青海省山洪灾害防治非工程措施及山洪预警系统
	国家水资源监控能力建设青海省2012年建设内容实施方案
	青海省2012年度中小河流水文监测系统项目
宁夏回族自治区水利厅	山洪灾害防治县级非工程措施
	中小河流水文监测系统项目
新疆维吾尔自治区水利厅	某重点河流域建管局水情预报会商中心
	某重点河流域建管局水利卫星地面站
	某重点河流域建管局北岸拦河引水枢纽远控系统
	某重点河流域建管局南岸干渠工程远控系统
	北疆某重点调水工程大坝光缆敷设
	北疆某重点调水工程管理处信息系统的扩容和改造
	新疆塔里木河流域水量调度远程监控系统
新疆生产建设兵团水利局	山洪灾害防治县级非工程措施
	中小河流
	监测
地方小计（项）	163
全国合计（项）	190

（四）2012 年信息化验收项目清单

单位名称	通过验收的项目名称
水利部机关	全国水库移民后期扶持管理信息系统项目
	防汛通信卫星转发器更替项目
	水利业务协同及内外网信息交换系统建设项目
	水利部机关政务外网信息安全体系及流域机构数字证书身份认证系统建设项目
	水利政务内网存储备份系统建设项目
	中国水利教育培训网远程教育培训系统项目
	水利部水工金属结构质量检验测试中心金属结构质量检测信息管理及数据库建设
长江水利委员会	长江防总防汛抗旱会商系统设备购置项目
	长江防汛科技大楼网络及通信建设工程
黄河水利委员会	程控交换机改造
	黄河数据中心一期建设
	黄委防汛应急通信车载视频会议终端设备
	黄河下游 SDH 微波改造（郑州—封丘段）
	黄河下游 SDH 微波改造（封丘—梁山段）
	黄河下游 SDH 微波改造（梁山—济南段）
	黄河下游 SDH 微波改造（泺口—河口段）
	通信网集中视频监控系统
	黄河下游近期防洪非工程措施建设水资源保护应用系统建设项目
	黄河下游近期防洪非工程措施建设基础数据库与防洪数据库项目
	黄河水资源保护监督管理会商支持系统及运行环境建设项目
淮河水利委员会	淮委电子政务系统（一期）项目
海河水利委员会	海委电子政务内网安全保密改造
	海委基层单位通信基础设施建设
	海委信息中心防汛业务系统设备水毁修复
	四女寺、馆陶及岳城微波站防雷改造工程
珠江水利委员会	珠江委政务内网安全保密改造项目
松辽水利委员会	松辽委政务内网安全保密工程项目
太湖流域管理局	太湖局政务内网安全保密改造项目
流域小计（项）	21
北京市水务局	水务局正版化软件采购
	官厅山峡防汛卫星雨水情遥测系统改造
天津市水利局	局办公系统公文档案数据迁移项目
	引滦信息系统思科光纤交换机安装调试
	引滦沿线机房 UPS 蓄电池安装调试
	引滦沿线视频监视系统更新项目安装调试
	天津市防汛抗旱三维数字系统建设
	天津市防汛调度中心会商室改造项目
	天津市防汛重点闸站工程视频应急建设项目
	天津市排水泵站远程监测控制系统（二期）
	天津市排水管理处积水点视频设备及中心设备
	天津市排水积水点视频监测

续表

单位名称	通过验收的项目名称
河北省水利厅	
内蒙古自治区水利厅	内蒙古移动应急指挥系统
辽宁省水利厅	大伙房水库输水工程信息自动化系统 SCADA 系统
	辽宁省水利建设市场信用信息平台
黑龙江省水利厅	无线视频监控系统
上海市水务局	水情信息综合接收处理系统（升级改造）
	水务（海洋）建设管理服务平台
	防汛短信和传真系统（升级改造）
	上海市水务局网站（升级改造）
	水务科研管理服务平台
江苏省水利厅	江苏省水利信息网络改扩建工程
浙江省水利厅	浙江省“十二五”省级水利投资项目数据资料整编管理
	浙江省水政执法监督管理项目建设实施方案编制
	浙江省水利队伍专业能力建设课程资源整编
	浙江省水利行业技师（高级技师）资格考核鉴定标准制定
	浙江省水利普查专题资料整编
安徽省水利厅	水利部高清视频会议系统改造
	安徽省防汛抗旱地理信息系统（分项）
	防汛抗旱短信群发和传真群发系统改造
	安徽省防汛抗旱汇报演示系统
	省水利信息中心机房视频监视隔热处理
	水利厅门户网站防篡改和 WEB 应用防护
	水文局中小河流雨量自动测报系统
	水电学院固定资产管理系统
	龙河口防汛局域网运行维护
	龙河口监控系统运行维护与完善
	安徽省枞阳江堤普济圩段重要涵闸、险工险段、重要部位可视化工程
	安徽省普济圩长江河道管理局办公区监控
	安徽省淮河河道监测与管理系统
	蚌埠闸船闸自动化系统
	淮河局财务管理软件应用
	水科院检测楼网络系统
	水科院视频监控系统
	茨淮新河防汛抗旱指挥系统更新改造
	佛子岭水库管理处移动 OA 系统
	佛子岭车辆实时监控系统
	佛子岭水库视频系统三期改造
福建省水利厅	值班管理系统
	福建省水电站信息管理系统
	水利普查数据处理

续表

单位名称	通过验收的项目名称
福建省水利厅	福建省水利高速承载网
	福建省2012年度县级山洪灾害防治非工程措施项目
	县级洪水预警报软件
	3G单兵移动视频监控系统
江西省水利厅	江西省防汛会商视频系统二期
	水利厅水利普查涉密分区建设
	江西省水库实时信息管理平台
	江西省综合数据库二期产品采购
	江西省水利厅机房空调改造项目
	江西省大型水库视频监控修复改造
	赣江流域中下游实时洪水预报调度系统
山东省水利厅	山东省水资源信息管理系统
	山东省水利工程数字地理信息系统
湖北省水利厅	湖北省水利业务应用系统地理信息共享服务平台（一期）
广东省水利厅	广东省水利数据中心工程项目（初步验收）
	东莞市三防指挥系统应急通讯建设工程（终端设备部分）
	东莞市三防指挥系统后评估项目
	东莞市洪涝灾害统计信息系统
	东莞市三防指挥系统视频监控系统
	东莞市三防指挥系统水文监测系统
	东莞市三防指挥系统硬件设备及配套软件维护
	东莞市三防指挥系统信息采集系统
	东莞市三防指挥系统内涝预警系统升级维护
	佛山市防汛工程视频监控平台二期
	韩江流域生产管理综合信息系统一期
	韩江流域采砂实时监控设备及服务总集成
	韩江流域综合办公管理系统
	江门市大中型水库视频监控系统二期工程
	韶关市山洪灾害预警监测平台
	河源市山洪灾害县级非工程措施
	办公自动化系统扩建
	清三公路段防汛通信光缆应急迁改工程
	北江大堤防汛监控系统应急修复工程
	北江大堤防汛工情信息管理系统应急改造工程
广西壮族自治区水利厅	水利厅OA系统升级
四川省水利厅	广安市防汛办防汛指挥系统
	四川水利职业技术学校课程资源共享平台
	四川水利职业技术学校实训室投影系统20套
	山洪灾害非工程措施

续表

单位名称	通过验收的项目名称
云南省水利厅	云南省水利厅会商室改造
	山洪灾害非工程措施（大姚县、姚安、元谋、武定、双柏）
甘肃省水利厅	甘肃抗旱防汛会商中心暨甘肃水利信息公用平台一期
	天水市水利视频会议会商信息平台（天水市防汛抗旱视频会商中心）
青海省水利厅	青海省第一次全国水利普查涉密网系统建设
宁夏回族自治区水利厅	宁夏水利信息化一期工程采集系统建设2标段工程
	山洪灾害预警软件系统
新疆维吾尔自治区水利厅	某重点河流域建管局特克斯山口水电站管理区网络改扩建工程
	某重点河流域建管局山口水电站闸门集中控制设备集成
	新疆防汛抗旱通信应急线路及设备修复项目
地方小计（项）	100
全国合计（项）	128

（五）项目投资、人员及运行维护情况

单位名称	新建项目个数（个）（含三大项目）	信息化项目建设投资（不含三大项目）			主要从事信息化工作的人数（人）	信息系统专职运行维护人数（人）	调查年度到位的运行维护资金	
		中央投资（万元）	地方投资（万元）	其他投资（万元）			总经费（万元）	专项维护经费（万元）
水利部机关	6	4514.00	0.00	0.00	150	63	3073.00	3073.00
长江水利委员会	2	120.70	0.00	0.00	120	140	1390.00	1390.00
黄河水利委员会	3	19213.00	0.00	170.00	933	550	3910.00	3910.00
淮河水利委员会					122	12	944.75	944.75
海河水利委员会	10	1665.53	0.00	0.00	68	70	1010.00	1010.00
珠江水利委员会	1	0.00	0.00	0.00	169	26	550.00	550.00
松辽水利委员会	4	606.00	0.00	0.00	12	20	390.00	390.00
太湖流域管理局	1	0.00	0.00	0.00	7	3	640.00	410.00
流域小计	21	21605.23	0.00	170.00	1431	821	8834.75	8604.75
北京市水务局	10	0.00	937.81	0.00	300	100	2427.42	2427.42
天津市水利局	15	0.00	1302.20	215.69	120	79	870.00	870.00
河北省水利厅					3	3		
山西省水利厅	2	480.00	0.00	0.00	13	16	100.00	100.00
内蒙古自治区水利厅	3	0.00	1687.92	0.00	3	2	0.00	0.00
辽宁省水利厅	3	2020.00	2361.00	0.00	53	80	386.00	150.00
吉林省水利厅	1	0.00	1100.00	0.00	3	6	36.00	16.00
黑龙江省水利厅	2	0.00	0.00	125.00	48	25	91.10	37.60
上海市水务局	8	0.00	1039.00	0.00	30	57	1588.70	1588.70
江苏省水利厅					16	15	150.00	
浙江省水利厅	7	0.00	1243.06	0.00	22	13	103.00	103.00
安徽省水利厅	20	420.00	479.32	101.00	141	97	741.66	572.36
福建省水利厅	4	2507.00	9802.00	8692.00	80	54	183.00	183.00

续表

单位名称	新建项目个数（个）（含三大项目）	信息化项目建设投资（不含三大项目）			主要从事信息化工作的人数（人）	信息系统专职运行维护人数（人）	调查年度到位的运行维护资金	
		中央投资（万元）	地方投资（万元）	其他投资（万元）			总经费（万元）	专项维护经费（万元）
江西省水利厅	11	7523.58	58.90	0.00	10	14	206.00	75.00
山东省水利厅	6	0.00	2728.36	0.00	7	4	300.00	
河南省水利厅	3	0.00	1638.00	0.00	18	18	370.00	370.00
湖北省水利厅	1	0.00	63.80	0.00	24	24	180.00	180.00
湖南省水利厅	1	0.00	92.00	0.00	10	8	379.02	250.49
广东省水利厅	19	0.00	12821.80	268.05	15	69	1837.39	1192.95
广西壮族自治区水利厅	6	4300.00	2385.00	0.00	48	48	600.00	550.00
海南省水务厅					33	3		
重庆市水利局	5	0.00	840.46	0.00	9	20	467.00	467.00
四川省水利厅	14	719.00	463.00	305.00	3	3	10.00	10.00
贵州省水利厅	2	0.00	0.00	0.00		5	300.00	300.00
云南省水利厅	1	0.00	270.00	0.00	8	4	50.00	35.00
西藏自治区水利厅								
陕西省水利厅					10	23	100.00	
甘肃省水利厅	4	0.00	372.76	0.00	54	79	85.00	85.00
青海省水利厅	3	0.00	0.00	0.00	6	10	94.00	94.00
宁夏回族自治区水利厅	2	0.00	0.00	0.00	5	8	0.00	0.00
新疆维吾尔自治区水利厅	7	8350.00	0.00	643.00	3	69	645.00	
新疆生产建设兵团水利局	3	0.00	0.00	0.00	46	1	42.00	42.00
地方小计	163	26319.58	41686.39	10349.74	1141	957	12342.29	9699.52
全国合计	190	52438.81	41686.39	10519.74	2722	1841	24250.04	21377.27

（六）2012年水利信息化发展状况评估

单位名称	是否开展年度信息化发展程度评估（评价）	是否制定了信息化发展程度评估指标体系及评估管理办法	是否进行本单位年度水利信息化发展程度的定量化评估	是否进行辖区内年度水利信息化发展程度的定量化评估
水利部机关	是			
长江水利委员会				
黄河水利委员会				
淮河水利委员会	是		是	
海河水利委员会				
珠江水利委员会				

续表

单位名称	是否开展年度信息化发展程度评估（评价）	是否制定了信息化发展程度评估指标体系及评估管理办法	是否进行本单位年度水利信息化发展程度的定量化评估	是否进行辖区内年度水利信息化发展程度的定量化评估
松辽水利委员会				
太湖流域管理局				
北京市水务局	是	是	是	
天津市水利局				
河北省水利厅				
山西省水利厅	是		是	
内蒙古自治区水利厅				
辽宁省水利厅				
吉林省水利厅				
黑龙江省水利厅				
上海市水务局				
江苏省水利厅				
浙江省水利厅				
安徽省水利厅	是			
福建省水利厅	是	是	是	是
江西省水利厅				
山东省水利厅				
河南省水利厅				
湖北省水利厅				
湖南省水利厅				
广东省水利厅	是	是	是	是
广西壮族自治区水利厅				
海南省水务厅				
重庆市水利局				
四川省水利厅				
贵州省水利厅				
云南省水利厅	是	是	是	是
西藏自治区水利厅			是	
陕西省水利厅	是			
甘肃省水利厅				
青海省水利厅				
宁夏回族自治区水利厅				
新疆维吾尔自治区水利厅				
新疆生产建设兵团水利局				

（七）2012年省级以上水利部门联网计算机和服务器规模

单位名称	内网		外网	
	服务器（套）	联网计算机（台）	服务器（套）	联网计算机（台）
水利部机关	44	502	141	2215
长江水利委员会	15	202	240	9100
黄河水利委员会	15	205	306	11990
淮河水利委员会	26	223	70	483
海河水利委员会	22	166	178	2163
珠江水利委员会	17	176	81	910
松辽水利委员会	25	260	48	350
太湖流域管理局	13	135	97	314
流域小计	133	1367	1020	25310
北京市水务局	86	3000	11	3000
天津市水利局	106	1395	11	282
河北省水利厅	50	2000	60	2630
山西省水利厅	14	500		
内蒙古自治区水利厅	3	80	26	400
辽宁省水利厅	4	56	30	2000
吉林省水利厅				
黑龙江省水利厅			5	390
上海市水务局	70	400	18	1000
江苏省水利厅	150	2000	150	3500
浙江省水利厅	0	0	62	630
安徽省水利厅	150	1461	101	4507
福建省水利厅	47	600	25	450
江西省水利厅	60	1450	20	1450
山东省水利厅	8	150	6	150
河南省水利厅	2	40	84	2350
湖北省水利厅	5	300		
湖南省水利厅	10	60	20	200
广东省水利厅	150	1463	60	1565
广西壮族自治区水利厅	2	400	65	480
海南省水务厅	20	397	2	397
重庆市水利局	1	5	42	700
四川省水利厅	1	2	1	120
贵州省水利厅			15	150
云南省水利厅	7	157	16	157
西藏自治区水利厅				
陕西省水利厅	45	384	0	647
甘肃省水利厅			39	80
青海省水利厅	4	80	20	900
宁夏回族自治区水利厅	5	150	20	255
新疆维吾尔自治区水利厅	25	250	1	400
新疆生产建设兵团水利局				
地方小计	1025	16780	910	28790
全国合计	1202	18649	2071	56315

（八）移动及应急网络情况

单位名称	移动终端（台）	移动信息采集设备套数（套）	单位名称	移动终端（台）	移动信息采集设备套数（套）
水利部机关	1100		江西省水利厅	20	1
长江水利委员会	124		山东省水利厅	150	2
黄河水利委员会	334	9	河南省水利厅	300	4
淮河水利委员会	31		湖北省水利厅	50	10
海河水利委员会	188	6	湖南省水利厅	4	4
珠江水利委员会	497	26	广东省水利厅	436	31
松辽水利委员会	263	2	广西壮族自治区水利厅	580	460
太湖流域管理局	151	6	海南省水务厅	20	
流域小计	1588	49	重庆市水利局	50	1
北京市水务局	306		四川省水利厅	268	5
天津市水利局	194	20	贵州省水利厅		
河北省水利厅	6		云南省水利厅	65	42
山西省水利厅			西藏自治区水利厅		
内蒙古自治区水利厅	100	3	陕西省水利厅	50	2
辽宁省水利厅		21	甘肃省水利厅		55
吉林省水利厅	15	10	青海省水利厅	7	7
黑龙江省水利厅	118	2	宁夏回族自治区水利厅	25	2
上海市水务局	65	2	新疆维吾尔自治区水利厅	117	4
江苏省水利厅			新疆生产建设兵团水利局		
浙江省水利厅	260	0	地方小计	4056	850
安徽省水利厅	784	69	全国合计	6744	899
福建省水利厅	66	93			

（九）存储能力情况

单位名称	内网存储（GB）	外网存储（GB）	单位名称	内网存储（GB）	外网存储（GB）
水利部机关	230000.00	139000.00	山西省水利厅	10240.00	0.00
长江水利委员会	105472.00	13721.00	内蒙古自治区水利厅	730.00	2000.00
黄河水利委员会	104448.00	197940.00	辽宁省水利厅	8887.70	108784.00
淮河水利委员会	10240.00	126976.00	吉林省水利厅	100.00	0.00
海河水利委员会	10510.00	14100.00	黑龙江省水利厅	6346.00	146.00
珠江水利委员会	5000.00	26000.00	上海市水务局	12288.00	1925.23
松辽水利委员会	66000.00	34000.00	江苏省水利厅	62464.00	12288.00
太湖流域管理局	38110.00	29930.00	浙江省水利厅	0.00	34000.00
流域小计	339780.00	442667.00	安徽省水利厅	73500.00	124500.00
北京市水务局	17920.00	0.00	福建省水利厅	10000.00	2000.00
天津市水利局	43527.00	10142.00	江西省水利厅	15000.00	17000.00
河北省水利厅	0.00	0.00	山东省水利厅	12000.00	2000.00

续表

单位名称	内网存储(GB)	外网存储(GB)	单位名称	内网存储(GB)	外网存储(GB)
河南省水利厅	288.00	56000.00	西藏自治区水利厅		
湖北省水利厅	1000.00	2700.00	陕西省水利厅	1200.00	0.00
湖南省水利厅	2048.00	3072.00	甘肃省水利厅	4860.00	12.00
广东省水利厅	0.00	12656.00	青海省水利厅	1300.00	7000.00
广西壮族自治区水利厅	4.00	15360.00	宁夏回族自治区水利厅	1200.00	34000.00
海南省水务厅	3340.00	0.00	新疆维吾尔自治区水利厅	19208.00	1244.00
重庆市水利局	256.00	17500.00	新疆生产建设兵团水利局		
四川省水利厅	89355.00	32202.00	地方小计	403381.70	503143.23
贵州省水利厅	0.00	5120.00	全国合计	973161.70	1084810.23
云南省水利厅	6320.00	1492.00			

（十）内网系统运行安全保障情况

单位名称	安全保密防护设备数量（个）	采用CA身份认证的应用系统数量（个）	是否进行分级保护改造	是否通过分级保护测评	是否实现统一的安全管理	是否配有本地数据备份系统	是否配有同城异地数据备份系统	是否配有远程异地容灾数据备份系统	是否开展保密检查	是否开展应急演练
水利部机关	598	12	是	是	是	是		是	是	是
长江水利委员会	12	6	是	是	是	是			是	是
黄河水利委员会	16	5	是	是	是	是	是	是	是	是
淮河水利委员会	7	7	是	是	是	是			是	是
海河水利委员会	12	9	是	是	是	是			是	
珠江水利委员会	19	7	是	是	是	是			是	是
松辽水利委员会	260	7	是	是	是	是			是	是
太湖流域管理局	16	9	是	是	是	是			是	
北京市水务局	8	1	是	是		是	是		是	是
天津市水利局		1	是		是	是	是		是	是
河北省水利厅									是	
山西省水利厅				是						
内蒙古自治区水利厅	1					是			是	
辽宁省水利厅	2		是	是	是				是	是
吉林省水利厅	1	1				是			是	
黑龙江省水利厅						是				
上海市水务局	1	1	是	是	是	是	是		是	是
江苏省水利厅		1			是	是			是	
浙江省水利厅										
安徽省水利厅	1		是		是	是			是	是

续表

单位名称	安全保密防护设备数量（个）	采用CA身份认证的应用系统数量（个）	是否进行分级保护改造	是否通过分级保护测评	是否实现统一的安全管理	是否配有本地数据备份系统	是否配有同城异地数据备份系统	是否配有远程异地容灾数据备份系统	是否开展保密检查	是否开展应急演练
福建省水利厅	5	1	是	是	是	是	是	是	是	是
江西省水利厅						是	是		是	
山东省水利厅			是	是		是			是	是
河南省水利厅	2	1							是	
湖北省水利厅	1		是			是			是	
湖南省水利厅	2	0			是	是			是	是
广东省水利厅										
广西壮族自治区水利厅		1								
海南省水务厅						是				
重庆市水利局	10					是			是	
四川省水利厅	1								是	
贵州省水利厅			是			是			是	是
云南省水利厅	1	1	是	是	是	是	是	是	是	是
西藏自治区水利厅						是				
陕西省水利厅	3		是			是			是	是
甘肃省水利厅										
青海省水利厅	1			是	是	是				
宁夏回族自治区水利厅	1	0				是			是	
新疆维吾尔自治区水利厅	25	1	是		是	是	是	是	是	是
新疆生产建设兵团水利局	1	0							是	

（十一）外网系统运行安全保障情况

单位名称	安全防护设备数量（个）	采用CA身份认证的应用系统数量（个）	是否实现统一的安全管理	是否配有本地数据备份系统	是否配有同城异地数据备份系统	是否配有远程异地容灾数据备份系统	是否开展了安全检查	是否制定了应急预案	是否组织过应急演练	是否组织开展了信息安全风险评估工作
水利部机关	142	3	是	是			是	是	是	是
长江水利委员会	19	1	是	是						
黄河水利委员会	27	0	是	是	是	是	是	是	是	是
淮河水利委员会	7	1	是				是	是		
海河水利委员会	3	1		是			是	是		是
珠江水利委员会	2	2	是	是		是	是	是	是	是
松辽水利委员会	5	0		是			是	是	是	是

续表

单位名称	安全防护设备数量（个）	采用CA身份认证的应用系统数量（个）	是否实现统一的安全管理	是否配有本地数据备份系统	是否配有同城异地数据备份系统	是否配有远程异地容灾数据备份系统	是否开展了安全检查	是否制定了应急预案	是否组织过应急演练	是否组织开展了信息安全风险评估工作
太湖流域管理局	18	1		是			是			是
北京市水务局		1	是	是			是	是	是	是
天津市水利局			是	是	是		是	是	是	是
河北省水利厅	1									
山西省水利厅							是	是		
内蒙古自治区水利厅	6		是	是			是			
辽宁省水利厅	4		是	是			是	是	是	是
吉林省水利厅	1	1		是			是			是
黑龙江省水利厅	1			是	是		是	是	是	
上海市水务局	1	1	是	是	是		是	是	是	是
江苏省水利厅				是			是	是		
浙江省水利厅	6	0	是				是	是	是	是
安徽省水利厅	1		是	是			是	是	是	是
福建省水利厅	2	1	是	是			是	是	是	是
江西省水利厅				是	是		是			
山东省水利厅				是			是	是	是	是
河南省水利厅	9		是				是			是
湖北省水利厅	5			是			是	是		
湖南省水利厅	4	0	是	是			是	是	是	是
广东省水利厅	1	1	是	是	是	是	是	是		
广西壮族自治区水利厅	42	2		是			是	是		
海南省水务厅										
重庆市水利局	8		是	是			是			
四川省水利厅	1						是	是		
贵州省水利厅	1		是	是	是	是	是	是		
云南省水利厅	2	1	是	是	是	是	是	是	是	是
西藏自治区水利厅				是	是					
陕西省水利厅	1						是			是
甘肃省水利厅	1	1	是	是	是	是	是			
青海省水利厅	6		是				是			
宁夏回族自治区水利厅	2	0		是			是	是		
新疆维吾尔自治区水利厅							是	是		
新疆生产建设兵团水利局	1	0					是			

（十二）信息采集情况

（单位：处）

单位名称	雨量		水位		流量		地下水埋深		水保		水质		墒情（旱情）		蒸发		其他	
	总采集点	自动采集点	总采集点	自动采集点	总采集点	自动采集点	总采集点	自动采集点	总采集点	自动采集点	总采集点	自动采集点	总采集点	自动采集点	总采集点	自动采集点	总采集点	自动采集点
水利部机关																		
长江水利委员会	288	191	476	173	161	17	0	0	0	0	159	3	0	0	0	0		
黄河水利委员会	572	562	382	144	145	19	12	12			268	3			11	2	415	5
淮河水利委员会																		
海河水利委员会	11	11	41	31	26		1	1			105	10						
珠江水利委员会	3	3	23	23	17	5	0	0	0	0	112	3	14	14	0	0	14	14
松辽水利委员会	163	93	18	13	18	13					4	1			6	6		
太湖流域管理局	48	48	63	60	134	4					175	8						
流域小计	1085	908	1003	444	501	58	13	13	0	0	823	28	14	14	17	8	429	19
北京市水务局	1073	607	425	213	159	78	1212	302	47	11	737	62	124	40				
天津市水利局	227	227	286	286	93	57	596	183			308	20			5	0	174	174
河北省水利厅	646	646	87	87			421	421	46	46	654	654	178	178				
山西省水利厅	804	336	105	12	96		1535	1535			134	1	72		17			
内蒙古自治区水利厅	1330	500	39	30	312	179	826	0	0	0	45	2	136	0	0	0	0	0
辽宁省水利厅	2054	2053	139	127	104	3	672	295			812		118	91	43		86	58
吉林省水利厅	1150	1150											100	88				
黑龙江省水利厅	793	678	203	137	432	13	1290				751		16	16	78			
上海市水务局	79	79	213	213	3	2	1	0			347	18			13	0	6	6
江苏省水利厅	439	439	352	320	199	0	500	500	6	1	2003	39	7	0	36	0	3500	3500
浙江省水利厅	631	361	216	102	218	35	12	12	14	0	900	2	0	0	77	6	4000	4000
安徽省水利厅	1395	1171	330	299	144	0	195	14	23	0	381	0	300	112	48	0	206	206
福建省水利厅	3403	3403	1938	1938	54	54					269	269					35	35
江西省水利厅	2199	2086	176	176	107		20	20	1	1	272		68	68				
山东省水利厅	946	520	155	71	138	0	2007	72	45	1	176	1	147	3				
河南省水利厅	2780	2780	158	143	126	0	1434	150	29	0	494	0	210	88	51	0		
湖北省水利厅	1127	1127	400	396	108	10	33	33	88	3	270	0	36	36	43	0		
湖南省水利厅	1901	1901	491	491	111	111							27	27			1966	1966
广东省水利厅	2940	2911	1695	1677	135	54	0	0	2	2	631	73	27	27	12	12	624	624
广西壮族自治区水利厅	3460	3460	350	350	135	20							12	12	135	2		
海南省水务厅	202	182	21	21	12						10							
重庆市水利局	981	952	143	122	20	0	0	0	26	0	31	0	72	72	9	0		

续表

单位名称	雨量		水位		流量		地下水埋深		水保		水质		墒情（旱情）		蒸发		其他	
	总采集点	自动采集点	总采集点	自动采集点	总采集点	自动采集点	总采集点	自动采集点	总采集点	自动采集点	总采集点	自动采集点	总采集点	自动采集点	总采集点	自动采集点	总采集点	自动采集点
四川省水利厅	1889	1111	555	413	325	121	54	0	2	1	282	2	39	29	79	3	123	66
贵州省水利厅		584		273					3				25					
云南省水利厅	10036	1043	777	301	116	36					546		53	53	116			
西藏自治区水利厅																	6	6
陕西省水利厅	860	477	166	119	613	44	760	49			114		4	4			121	9
甘肃省水利厅	460	94	1890	425	604	350	242	59			282	0			55		115	17
青海省水利厅	1588	1529	188	163	97	74	33	13	21	12	123	1	10	10	36		9	
宁夏回族自治区水利厅	1020	855	381	337	54	0	230	142	10	0	137	0	31	6	15	0	71	0
新疆维吾尔自治区水利厅	386	286	297	193	204	14	363	153	0	0	225	10	0	0	1	1	0	0
新疆生产建设兵团水利局	400	400	495	495														
地方小计	47199	33948	12671	9930	4719	1255	12436	3953	363	78	10934	1154	1812	960	869	24	11042	10667
全国小计	48284	34856	13674	10374	5220	1313	12449	3966	363	78	11757	1182	1826	974	886	32	11471	10686

（十三）信息系统等级保护情况

（单位：个）

单位名称	总数量			已整改的系统数量			已通过测评的系统数量		
	三级信息系统	二级信息系统	未定级信息系统	三级信息系统	二级信息系统	未定级信息系统	三级信息系统	二级信息系统	未定级信息系统
水利部机关	8	4	2	6	4	0	6	4	0
长江水利委员会	4	8	0	0	0	0	0	0	0
黄河水利委员会	9	18	0	0	0	0	0	0	0
淮河水利委员会	3	2	0	0	0	0	0	0	0
海河水利委员会	10	22	80	0	0	0	0	0	0
珠江水利委员会	4	5	31	0	0	0	0	0	0
松辽水利委员会	3	12	0	0	0	0	0	0	0
太湖流域管理局	3	5	0	0	0	0	0	0	0
北京市水务局	1	6	19	0	0	0	0	0	0
天津市水利局	1	6	0	1	1	0	0	0	0
河北省水利厅	0	0	0	0	0	0	0	0	0
山西省水利厅	2	1	0	2	1	0	2	2	0
内蒙古自治区水利厅	1	1	1	0	0	0	0	0	0
辽宁省水利厅	0	17	0	0	0	0	0	0	0
吉林省水利厅	2	0	7	0	0	0	2	0	7

续表

单位名称	总数量			已整改的系统数量			已通过测评的系统数量		
	三级信息系统	二级信息系统	未定级信息系统	三级信息系统	二级信息系统	未定级信息系统	三级信息系统	二级信息系统	未定级信息系统
黑龙江省水利厅	0	0	0	0	0	0	0	0	0
上海市水务局	0	16	0	0	14	0	0	14	0
江苏省水利厅	2	6	0	0	0	0	0	0	0
浙江省水利厅	2	2	0	0	2	0	0	0	0
安徽省水利厅	3	31	0	0	1	0	0	1	0
福建省水利厅	2	1	0	2	1	0	2	1	0
江西省水利厅	0	1	0	0	0	0	0	1	0
山东省水利厅	0	5	0	0	5	0	0	5	0
河南省水利厅	0	1	4	0	0	0	0	0	0
湖北省水利厅	0	7	0	0	0	0	0	7	0
湖南省水利厅	0	0	1	0	0	1	0	0	1
广东省水利厅	3	20	8	1	2	1	2	17	1
广西壮族自治区水利厅	0	0	3	0	0	0	0	0	0
海南省水务厅	0	0	0	0	0	0	0	0	0
重庆市水利局	3	0	0	0	0	0	0	0	0
四川省水利厅	0	1	0	0	0	0	0	1	0
贵州省水利厅	1	3	0	1	1	0	1	1	0
云南省水利厅	0	0	0	0	0	0	0	0	0
西藏自治区水利厅	0	0	0	0	0	0	0	0	0
陕西省水利厅	3	0	0	0	0	0	0	0	0
甘肃省水利厅	2	1	1	0	0	0	0	0	0
青海省水利厅	0	2	4	0	0	0	0	2	0
宁夏回族自治区水利厅	1	2	6	0	0	0	0	0	0
新疆维吾尔自治区水利厅	1	1	0	1	1	0	0	0	0
新疆生产建设兵团水利局	1	0	0	0	0	0	0	0	0

（十四）信息化的监控系统数及信息化的监控点数

（单位：个）

单位名称	监控系统数	监控点总数	独立（移动）点数
长江水利委员会	1	34	
黄河水利委员会	55	400	0
淮河水利委员会	1	11	
海河水利委员会	11	234	
珠江水利委员会	1	10	0

续表

单位名称	监控系统数	监控点总数	独立（移动）点数
松辽水利委员会	3	52	0
太湖流域管理局	10	144	
流域小计	82	885	0
北京市水务局	18	1348	
天津市水利局	7	219	
河北省水利厅		68	
山西省水利厅	2	1835	
内蒙古自治区水利厅	1	10	1
辽宁省水利厅	24	3100	1
吉林省水利厅	1	44	
黑龙江省水利厅	2	21	
上海市水务局	7	199	
江苏省水利厅			
浙江省水利厅	1	17	0
安徽省水利厅	26	491	2
福建省水利厅	2	128	93
江西省水利厅	27	106	
山东省水利厅	2	78	2
河南省水利厅	46	59	80
湖北省水利厅	5	20	2
湖南省水利厅	1	30	0
广东省水利厅	124	1414	97
广西壮族自治区水利厅	4	1504	224
海南省水务厅	1	3	
重庆市水利局	1	239	0
四川省水利厅	52	1050	129
贵州省水利厅		86	
云南省水利厅	44	127	49
西藏自治区水利厅			
陕西省水利厅	2	192	1
甘肃省水利厅	8	7741	
青海省水利厅	27	81	
宁夏回族自治区水利厅	2	176	0
新疆维吾尔自治区水利厅	8	1040	0
新疆生产建设兵团水利局	10	50	
地方小计（个）	455	21476	681
全国合计（个）	537	22361	681

（十五）数据中心支撑的业务应用类型覆盖情况

单位名称	是否应用防汛抗旱指挥与管理系统	是否应用水资源监测与管理系统	是否应用水土保持监测与管理系统	是否应用农村水利综合管理系统	是否应用水利水电工程移民安置与管理系统	是否应用水利电子政务系统	是否应用水利工程建设与管理系统	是否应用水政监察管理系统	是否应用农村水电业务管理系统	是否应用水文业务管理系统	是否应用水利应急管理系统	是否应用水利遥感数据管理与应用系统	是否应用水利普查数据管理与应用系统	是否应用山洪监测数据管理与应用系统
水利部机关	是		是	是	是	是			是	是		是	是	是
长江水利委员会														
黄河水利委员会	是	是	是			是	是	是		是		是	是	
淮河水利委员会														
海河水利委员会	是	是	是			是		是		是			是	
珠江水利委员会	是	是	是	是	是	是	是	是	是	是	是	是	是	是
松辽水利委员会														
太湖流域管理局	是	是	是			是				是			是	
北京市水务局	是	是		是		是	是				是		是	
天津市水利局														
河北省水利厅	是	是	是							是			是	是
山西省水利厅	是	是	是	是	是		是			是	是	是	是	是
内蒙古自治区水利厅	是	是	是	是		是	是				是		是	是
辽宁省水利厅	是	是		是		是	是		是	是		是	是	是
吉林省水利厅														
黑龙江省水利厅														
上海市水务局	是	是				是	是	是		是	是	是	是	
江苏省水利厅	是	是	是	是		是				是		是	是	
浙江省水利厅														
安徽省水利厅	是	是	是	是	是	是	是			是		是	是	是
福建省水利厅	是	是	是	是		是	是	是	是	是	是	是	是	是
江西省水利厅	是	是	是	是		是	是	是		是		是		是
山东省水利厅	是	是		是		是			是	是			是	
河南省水利厅														
湖北省水利厅														
湖南省水利厅	是									是				
广东省水利厅	是		是	是	是	是	是	是	是		是	是		
广西壮族自治区水利厅														
海南省水务厅	是	是	是		是	是	是			是			是	是
重庆市水利局														
四川省水利厅														
贵州省水利厅														

续表

单位名称	是否应用防汛抗旱指挥与管理系统	是否应用水资源监测与管理系统	是否应用水土保持监测与管理系统	是否应用农村水利综合管理系统	是否应用水利水电工程移民安置与管理系统	是否应用水利电子政务系统	是否应用水利工程建设与管理系统	是否应用水政监察管理系统	是否应用农村水电业务管理系统	是否应用水文业务管理系统	是否应用水利应急管理系统	是否应用水利遥感数据管理与应用系统	是否应用水利普查数据管理与应用系统	是否应用山洪监测数据管理与应用系统
云南省水利厅	是	是	是	是	是	是	是	是	是	是	是	是	是	是
西藏自治区水利厅														是
陕西省水利厅														
甘肃省水利厅														
青海省水利厅	是	是	是	是									是	是
宁夏回族自治区水利厅	是	是	是							是		是	是	是
新疆维吾尔自治区水利厅														
新疆生产建设兵团水利局	是	是	是	是	是	是	是	是	是	是	是	是	是	是

（十六）数据库建设情况

单位名称	数据库数量（个）	库存总数据量（GB）	单位名称	数据库数量（个）	库存总数据量（GB）
水利部机关	30	45275.00	江西省水利厅	16	178.00
长江水利委员会	19	3231.00	山东省水利厅	4	2000.00
黄河水利委员会	77	72502.00	河南省水利厅	35	380.00
淮河水利委员会	11	4980.00	湖北省水利厅	9	2000.00
海河水利委员会	49	1993.50	湖南省水利厅	4	20.00
珠江水利委员会	7	1200.00	广东省水利厅	27	7300.00
松辽水利委员会	16	2000.00	广西壮族自治区水利厅	42	5300.00
太湖流域管理局	22	113.40	海南省水务厅	10	42.00
流域小计	201	86019.90	重庆市水利局	21	143.00
北京市水务局	10	89.40	四川省水利厅	17	49205.00
天津市水利局	20	584.00	贵州省水利厅		
河北省水利厅	6		云南省水利厅	4	530.00
山西省水利厅	10	20000.00	西藏自治区水利厅		
内蒙古自治区水利厅	5	1800.00	陕西省水利厅	29	81.00
辽宁省水利厅	66	3734.86	甘肃省水利厅	9	124.00
吉林省水利厅	9	106.00	青海省水利厅	5	80.00
黑龙江省水利厅			宁夏回族自治区水利厅	7	152.51
上海市水务局	1	5000.00	新疆维吾尔自治区水利厅	37	7408.00
江苏省水利厅	10	50000.00	新疆生产建设兵团水利局		
浙江省水利厅	27	6000.00	地方小计	475	202233.77
安徽省水利厅	28	39540.00	全国合计	706	333528.67
福建省水利厅	7	436.00			

（十七）数据中心信息服务方式

单位名称	是否已建立数据中心	是否实现业务系统联机访问	是否提供目录服务	是否提供非授权联机查询	是否提供非授权联机下载	是否提供授权联机查询	是否提供授权联机下载	是否提供主题服务	是否提供数据挖掘和智能分析服务	是否提供离线服务
水利部机关	是	是	是			是	是	是		是
长江水利委员会										
黄河水利委员会	是	是	是			是	是		是	
淮河水利委员会										
海河水利委员会										
珠江水利委员会	是	是	是	是		是		是		
松辽水利委员会			是							
太湖流域管理局	是	是				是				
北京市水务局			是		是	是	是	是		
天津市水利局										
河北省水利厅										
山西省水利厅	是	是				是	是	是	是	是
内蒙古自治区水利厅										
辽宁省水利厅		是		是		是	是			
吉林省水利厅										
黑龙江省水利厅										
上海市水务局	是	是	是			是	是	是	是	
江苏省水利厅		是	是	是		是	是			
浙江省水利厅										
安徽省水利厅	是	是		是		是	是			
福建省水利厅	是	是	是	是		是	是	是	是	是
江西省水利厅										
山东省水利厅										
河南省水利厅										
湖北省水利厅										
湖南省水利厅										
广东省水利厅	是	是	是	是		是	是	是	是	
广西壮族自治区水利厅										
海南省水务厅		是								
重庆市水利局										
四川省水利厅										
贵州省水利厅										
云南省水利厅	是	是	是	是	是	是	是	是	是	是
西藏自治区水利厅	是	是	是							
陕西省水利厅										
甘肃省水利厅										
青海省水利厅										
宁夏回族自治区水利厅										
新疆维吾尔自治区水利厅										
新疆生产建设兵团水利局										

（十八）门户服务应用情况

单位名称	是否已建立统一的门户服务支撑系统	是否已建立统一的对外服务门户网站	是否已建立统一的对内服务门户网站	是否实现基于门户服务的信息安全管理集成	是否实现基于门户服务的数据中心管理与服务集成	是否实现基于门户服务的业务系统应用集成	是否实现基于门户服务的政务系统应用集成	是否实现基于门户服务的移动业务应用集成	是否实现基于门户服务的应急管理业务应用集成	是否实现基于门户服务的运行环境管理平台集成
水利部机关	是	是	是	是	是	是	是			是
长江水利委员会	是	是	是				是			
黄河水利委员会		是	是							
淮河水利委员会	是	是	是			是	是			
海河水利委员会	是	是	是			是	是			是
珠江水利委员会	是	是	是	是	是	是	是			是
松辽水利委员会	是	是	是	是		是	是			是
太湖流域管理局		是	是			是				
北京市水务局	是	是	是	是	是	是	是	是	是	是
天津市水利局		是	是	是			是			
河北省水利厅		是								
山西省水利厅	是	是	是	是	是	是	是	是	是	是
内蒙古自治区水利厅		是	是				是			
辽宁省水利厅	是	是								
吉林省水利厅		是	是							
黑龙江省水利厅		是								
上海市水务局	是	是	是	是	是	是	是	是	是	是
江苏省水利厅	是	是	是			是	是			
浙江省水利厅	是	是	是	是		是	是	是		是
安徽省水利厅	是	是	是		是	是	是			
福建省水利厅	是	是	是	是	是	是	是	是	是	是
江西省水利厅	是	是	是	是	是	是	是			是
山东省水利厅	是	是	是	是	是	是	是		是	是
河南省水利厅	是									
湖北省水利厅		是	是			是	是			是
湖南省水利厅	是	是		是			是			是
广东省水利厅	是	是		是	是	是	是		是	
广西壮族自治区水利厅	是	是	是		是	是		是		是
海南省水务厅	是	是	是	是	是	是				
重庆市水利局										
四川省水利厅		是								
贵州省水利厅	是	是	是				是			
云南省水利厅	是	是	是	是	是	是	是	是	是	是
西藏自治区水利厅										
陕西省水利厅	是	是		是	是	是	是			
甘肃省水利厅	是	是					是			是
青海省水利厅	是	是	是	是						
宁夏回族自治区水利厅		是								
新疆维吾尔自治区水利厅										
新疆生产建设兵团水利局	是	是	是	是	是	是			是	是

（十九）省级以上水行政主管部门信息服务网站情况

序号	单位名称	单位总数（个）	有网站的单位数（个）	水行政主管部门门户网站域名	2012年度门户网站或主网站访问次数（人次）
（一）	水利部机关	43	43	www.mwr.gov.cn	29620000
（二）	流域机构				
1	长江水利委员会	19	18	www.cjw.gov.cn	394852
2	黄河水利委员会	17	14	www.yellowriver.gov.cn	360000
3	淮河水利委员会	10	8	www.hrc.gov.cn	262196
4	海河水利委员会	1	1	www.hwcc.gov.cn	700000
5	珠江水利委员会	10	7	pearlwater.gov.cn	439528
6	松辽水利委员会	1	1	www.slwr.gov.cn	16329
7	太湖流域管理局	8	5	www.tba.gov.cn	85850
（三）	省（自治区、直辖市）水利（务）厅（局）				
1	北京市水务局	44	22	www.bjwater.gov.cn	1798164
2	天津市水利局	27	5	www.tjsw.gov.cn	32000
3	河北省水利厅			www.hebwater.gov.cn	
4	山西省水利厅	186	46	www.sxwater.gov.cn	41614529
5	内蒙古自治区水利厅	131	19	www.nmgslw.gov.cn	310000
6	辽宁省水利厅	46	29	www.dwr.ln.gov.cn	485616
7	吉林省水利厅	27	6	slt.jl.gov.cn	1600
8	黑龙江省水利厅	64	3	www.hljsl.gov.cn	
9	上海市水务局	12	9	www.shanghaiwater.gov.cn	1957800
10	江苏省水利厅	113	113	www.jswater.gov.cn	1400000
11	浙江省水利厅	121	92	www.zjwater.gov.cn，www.zjwater.com，www.zjfx.gov.cn	24930198
12	安徽省水利厅	145	72	www.ahsl.gov.cn	1022060
13	福建省水利厅	125	41	www.fjwater.gov.cn	2188686
14	江西省水利厅	125	28	www.jxwrd.gov.cn	625642
15	山东省水利厅	168	60	www.sdwr.gov.cn	7000000
16	河南省水利厅	204	42	www.hnsl.gov.cn www.hnshuili.gov.cn www.hnshuili.com	1633000
17	湖北省水利厅	32	32	www.hubeiwater.gov.cn	21965823
18	湖南省水利厅	191	37	www.hnwr.gov.cn	700000
19	广东省水利厅	30	30	www.gdwater.gov.cn	631000
20	广西壮族自治区水利厅	118	12	www.gxwater.gov.cn，www.gxslt.gov.cn	4700254
21	海南省水务厅	6	5	swj.hainan.gov.cn	
22	重庆市水利局	49	47	www.cqwater.gov.cn	681551
23	四川省水利厅	222		www.scwater.gov.cn	180021
24	贵州省水利厅	115	40	www.gzmwr.gov.cn	500000
25	云南省水利厅	157	13	www.wcb.yn.gov.cn	1019166

续表

序号	单位名称	单位总数（个）	有网站的单位数（个）	水行政主管部门门户网站域名	2012年度门户网站或主网站访问次数（人次）
26	西藏自治区水利厅				
27	陕西省水利厅	131	73	www.sxmwr.gov.cn	100000
28	甘肃省水利厅	44	24	www.gssl.gov.cn	547500
29	青海省水利厅	61	6	www.qhsl.gov.cn	720000
30	宁夏回族自治区水利厅	38	10	nxsl.gov.cn	180000
31	新疆维吾尔自治区水利厅	136	11	xjwater.xinjiang.gov.cn	25000
32	新疆生产建设兵团水利局				

（二十）水行政主管部门门户网站信息公开及交流互动情况

单位名称	是否有信息公开目录	是否有机构介绍	是否有政策法规	是否公开水利规划	是否有水利统计信息	是否有人事管理情况	是否有财政预算、决算情况	是否有行政事业性收费情况	是否具有依申请公开信息的功能	是否有地区、行业宣传	是否有交流互动板块
水利部机关	是	是	是	是	是	是	是	是	是	是	是
长江水利委员会	是	是	是	是		是	是		是	是	是
黄河水利委员会	是	是	是	是	是	是			是	是	是
淮河水利委员会	是	是	是	是	是	是			是	是	是
海河水利委员会	是	是	是	是	是	是	是	是	是	是	是
珠江水利委员会	是	是	是	是	是	是		是	是	是	是
松辽水利委员会	是	是	是			是					是
太湖流域管理局	是	是	是			是			是	是	
北京市水务局	是	是	是	是	是	是	是	是	是	是	是
天津市水利局	是	是	是	是	是	是	是		是	是	是
河北省水利厅	是	是	是	是	是	是				是	是
山西省水利厅	是	是	是	是	是	是			是	是	是
内蒙古自治区水利厅	是	是	是	是		是	是	是	是	是	是
辽宁省水利厅	是	是	是			是			是	是	是
吉林省水利厅	是	是	是	是	是	是	是	是	是	是	是
黑龙江省水利厅	是	是	是	是	是	是				是	是
上海市水务局	是	是	是	是	是	是	是	是	是	是	是
江苏省水利厅	是	是	是	是	是	是	是	是	是	是	是
浙江省水利厅	是	是	是	是	是	是	是		是	是	是
安徽省水利厅	是	是	是	是	是	是	是	是	是	是	是
福建省水利厅	是	是	是	是	是	是	是	是	是	是	是
江西省水利厅	是	是	是	是	是	是		是	是	是	是
山东省水利厅	是	是	是	是	是	是	是	是	是	是	是
河南省水利厅	是	是	是	是		是		是	是	是	是
湖北省水利厅	是	是	是	是	是	是	是	是	是	是	是

续表

单位名称	是否有信息公开目录	是否有机构介绍	是否有政策法规	是否公开水利规划	是否有水利统计信息	是否有人事管理情况	是否有财政预算、决算情况	是否有行政事业性收费情况	是否具有依申请公开信息的功能	是否有地区、行业宣传	是否有交流互动板块
湖南省水利厅	是	是	是	是	是	是	是		是	是	是
广东省水利厅	是	是	是		是	是	是	是	是	是	是
广西壮族自治区水利厅	是	是	是	是	是	是	是	是	是	是	是
海南省水务厅	是	是	是	是	是	是	是		是	是	是
重庆市水利局	是	是	是	是	是	是	是	是	是	是	是
四川省水利厅	是	是	是			是	是		是	是	是
贵州省水利厅	是	是	是	是	是	是	是	是	是	是	是
云南省水利厅	是	是	是	是	是	是		是	是	是	是
西藏自治区水利厅											
陕西省水利厅	是	是	是			是	是			是	是
甘肃省水利厅	是	是	是	是	是	是		是	是	是	是
青海省水利厅	是	是	是	是	是	是	是		是	是	是
宁夏回族自治区水利厅	是	是	是							是	是
新疆维吾尔自治区水利厅	是	是	是			是				是	
新疆生产建设兵团水利局	是	是	是	是	是	是	是	是	是	是	是

（二十一）水行政主管部门行政许可网上办理情况

（单位：项）

单位名称	行政许可项数	网站公开及介绍的行政许可项数	能够在网上办理的行政许可项数
水利部机关	17	6	6
长江水利委员会	10	10	10
黄河水利委员会	19	19	19
淮河水利委员会	18	18	18
海河水利委员会	18	9	9
珠江水利委员会	14	6	6
松辽水利委员会	16	8	7
太湖流域管理局	14	14	14
流域小计	109	84	83
北京市水务局	40	40	40
天津市水利局	31	31	31
河北省水利厅	21	21	21
山西省水利厅	29	29	0
内蒙古自治区水利厅	29	29	0
辽宁省水利厅	39	39	39
吉林省水利厅			
黑龙江省水利厅	35	25	0

续表

单位名称	行政许可项数	网站公开及介绍的行政许可项数	能够在网上办理的行政许可项数
上海市水务局	36	36	36
江苏省水利厅	253	253	253
浙江省水利厅	17	17	17
安徽省水利厅	18	18	18
福建省水利厅	5	5	5
江西省水利厅	73	66	66
山东省水利厅	25	25	25
河南省水利厅	17	17	0
湖北省水利厅	13	13	13
湖南省水利厅	17	17	17
广东省水利厅	12	12	12
广西壮族自治区水利厅	32	32	
海南省水务厅	21	21	
重庆市水利局	18	18	17
四川省水利厅			
贵州省水利厅			
云南省水利厅	25	25	3
西藏自治区水利厅			
陕西省水利厅	26	26	6
甘肃省水利厅	16	13	
青海省水利厅			
宁夏回族自治区水利厅	30	30	0
新疆维吾尔自治区水利厅	33	33	0
新疆生产建设兵团水利局			
地方小计	911	891	619
全国总计	1037	981	708

（二十二）办公系统使用情况

单位名称	本单位内部是否实现了公文流转无纸化	本单位与上级领导机关之间是否实现了公文流转无纸化	上级水利行业领导机关的单位总数（个）	与本单位之间实现了公文流转无纸化的上级水利行业领导机关单位数（个）	与本单位间实现了公文流转无纸化的直属单位数（个）	下级水行政主管部门单位总数（个）	与本单位之间实现了公文流转无纸化的下级水行政主管部门单位数（个）
水利部机关	是		0	0	0	38	0
长江水利委员会			1	0	0		
黄河水利委员会	是		1		17		
淮河水利委员会	是		1	0	9	4	0
海河水利委员会	是		1	1	16	8	0

续表

单位名称	本单位内部是否实现了公文流转无纸化	本单位与上级领导机关之间是否实现了公文流转无纸化	上级水利行业领导机关的单位总数（个）	与本单位之间实现了公文流转无纸化的上级水利行业领导机关单位数（个）	与本单位间实现了公文流转无纸化的直属单位数（个）	下级水行政主管部门单位总数（个）	与本单位之间实现了公文流转无纸化的下级水行政主管部门单位数（个）
珠江水利委员会	是	是	1	1	1	8	0
松辽水利委员会	是	是	1	1	1	3	3
太湖流域管理局	是	是	1	1	4	5	
流域小计	6	3	7	4	48	28	3
北京市水务局	是		2		30	14	
天津市水利局	是	是	1	1	27	10	10
河北省水利厅		是					
山西省水利厅			3			11	
内蒙古自治区水利厅	是		4	0	0	12	0
辽宁省水利厅			2	0	0	16	0
吉林省水利厅							
黑龙江省水利厅							
上海市水务局	是						
江苏省水利厅	是	是	2	2	22	13	13
浙江省水利厅	是		2	0	0	95	0
安徽省水利厅	是	是	4	1	0	16	0
福建省水利厅	是	是	3	2	32	10	10
江西省水利厅	是						
山东省水利厅	是	是	1	1	10	17	17
河南省水利厅		是	5	1		28	
湖北省水利厅	是						
湖南省水利厅	是		1		0	160	0
广东省水利厅	是	是	1	1	8	22	22
广西壮族自治区水利厅	是	是	2		9		
海南省水务厅	是			1	1	4	7
重庆市水利局	是	是	2	1	11	40	40
四川省水利厅		是	2				
贵州省水利厅							
云南省水利厅	是		3	2	0	16	16
西藏自治区水利厅							
陕西省水利厅		是	3	1		11	
甘肃省水利厅			3	1			
青海省水利厅							
宁夏回族自治区水利厅		是	2	1	38	27	27
新疆维吾尔自治区水利厅		是	2				
新疆生产建设兵团水利局		是					
地方小计	17	15	50	16	188	522	162
全国合计	24	18	57	20	236	588	165

（二十三）业务应用系统应用情况

单位名称	是否应用防汛抗旱指挥与管理系统	是否应用水资源监测与管理系统	是否应用水土保持监测与管理系统	是否应用农村水利综合管理系统	是否应用水利水电工程移民安置与管理系统	是否应用水利电子政务系统	是否应用水利工程建设与管理系统	是否应用水政监察管理系统	是否应用农村水电业务管理系统	是否应用水文业务管理系统	是否应用水利应急管理系统	是否应用水利遥感数据管理与应用系统	是否应用水利普查数据管理与应用系统	是否应用山洪监测数据管理与应用系统
水利部机关	是	是	是	是	是	是	是	是	是	是	是	是	是	是
长江水利委员会	是	是	是			是				是			是	
黄河水利委员会	是	是	是			是	是	是		是		是	是	
淮河水利委员会	是		是			是				是		是	是	
海河水利委员会	是	是	是			是				是			是	
珠江水利委员会	是	是	是			是	是	是		是		是		
松辽水利委员会	是	是	是			是				是			是	
太湖流域管理局	是	是	是			是				是			是	
北京市水务局	是	是	是	是	是	是	是				是		是	
天津市水利局	是	是				是	是			是				
河北省水利厅	是	是	是	是	是	是	是	是	是	是			是	是
山西省水利厅	是	是	是	是		是	是			是	是		是	是
内蒙古自治区水利厅	是	是	是	是		是	是				是		是	是
辽宁省水利厅	是	是	是	是	是	是	是		是	是		是	是	
吉林省水利厅	是	是		是										
黑龙江省水利厅	是		是			是							是	是
上海市水务局	是	是				是	是	是		是	是	是	是	
江苏省水利厅	是	是	是			是				是		是	是	
浙江省水利厅	是	是	是	是		是	是	是	是	是		是	是	是
安徽省水利厅	是	是	是	是	是	是				是		是	是	是
福建省水利厅	是	是	是	是		是	是	是	是	是	是	是	是	是
江西省水利厅	是	是	是	是		是	是	是	是	是		是		是
山东省水利厅	是	是		是		是				是			是	
河南省水利厅	是	是	是	是	是	是	是			是			是	是
湖北省水利厅	是		是	是		是	是	是	是	是			是	是
湖南省水利厅	是					是				是	是		是	是
广东省水利厅	是	是	是	是	是	是	是	是	是	是	是	是	是	是
广西壮族自治区水利厅	是	是	是	是		是	是	是	是	是		是	是	是
海南省水务厅	是	是	是		是	是	是			是			是	是
重庆市水利局	是	是	是			是	是		是	是			是	
四川省水利厅														
贵州省水利厅	是		是			是								是
云南省水利厅	是	是	是	是	是	是	是	是	是	是	是	是	是	是
西藏自治区水利厅														是
陕西省水利厅	是	是				是				是		是	是	是
甘肃省水利厅	是		是			是			是	是			是	是
青海省水利厅	是	是	是										是	是
宁夏回族自治区水利厅	是		是	是	是	是	是			是		是	是	是
新疆维吾尔自治区水利厅	是		是							是			是	
新疆生产建设兵团水利局														

（二十四）水利通信系统情况

单位名称	卫星通信系统			程控交换系统		应急通信车（辆）			微波通信		无线宽带接入	集群通信	其他通信手段		
	水利卫星小站（个）	其他卫星设施（套）	便携卫星小站（套）	系统容量（门）	实际用户（个）	总数	动中通	静中通	线路长度（km）	站数（个）	终端（个）	终端（个）	名称	站数（个）	线路长度（km）
水利部机关		1	1	12000	6000								光缆	10	60
长江水利委员会	22		1	8500	6800				330	38		4			
黄河水利委员会	9	6	4	51951	26775	11	1	10	1780	90	76	30	郑州至花园口光纤通信	2	23.3
淮河水利委员会	54	1	1	4000	1400	1	1		996.9	58	1380				
海河水利委员会	8	3	6	14645	8150	1		1	1570	60				8	680
珠江水利委员会	22	2	1	2000	1100	0	0	0	0	0	0	0	0	0	0
松辽水利委员会	7	4	2	1000	490										
太湖流域管理局	2			512	238						191				
流域小计	124	16	15	82608	44953	13	2	11	4676.9	246	1647	34		10	703.3
北京市水务局	47			1000	305				100	5		688			
天津市水利局	0	1	0	416	389	1	0	1	317.41	16	0	63	400M超短波同播网	2	
河北省水利厅	1	13						1							
山西省水利厅															
内蒙古自治区水利厅	3	0	0	0	0	1	0	1	0	0	0	0	0	0	0
辽宁省水利厅		90		1364	750				436.5	27	2				
吉林省水利厅	1	193											超短波	680	
黑龙江省水利厅	5	46		1	80				25	1	2				
上海市水务局		1										110			
江苏省水利厅	1			1000	600	2	1	1							
浙江省水利厅															
安徽省水利厅	4	0	0	10000	6000	0	0	0	83.3	11	0	0			
福建省水利厅									200				超短波	3403	70000

续表

单位名称	卫星通信系统			程控交换系统		应急通信车(辆)			微波通信		无线宽带接入	集群通信	其他通信手段		
	水利卫星小站（个）	其他卫星设施（套）	便携卫星小站（套）	系统容量（门）	实际用户（个）	总数	动中通	静中通	线路长度（km）	站数（个）	终端（个）	终端（个）	名称	站数（个）	线路长度（km）
江西省水利厅	62						1								
山东省水利厅	3	0	0	0	0	2	2	2	0	0	0	0			
河南省水利厅				1024	400				600	19					
湖北省水利厅	0	0	5	2000	1000	5	0	5	2000	24	300	0			
湖南省水利厅															
广东省水利厅		48	3	200	114				120	2	8	220	无线对讲、无线同播、卫星电话、三防视频会商、超短波	80	100
广西壮族自治区水利厅				600	100										
海南省水务厅															
重庆市水利局						1		1							
四川省水利厅															
贵州省水利厅															
云南省水利厅	8	13	0	64	25	0	0	0	0	0	24	120	GPRS	1357	2.3
西藏自治区水利厅															
陕西省水利厅		1		500	500	1		1							
甘肃省水利厅				3000	1500				50	4			SDH—155M光传输设备	56	
青海省水利厅						1	1								
宁夏回族自治区水利厅	3	0	0	2600	1156	0	0	0	86	26	24	0	光纤通信	0	192
													租用电信电路	28	
													租用移动电路	71	
													无线 GPRS	1269	
新疆维吾尔自治区水利厅	9	10	0	2402	3300	0	0	0	0	0	24	1	0	4	
新疆生产建设兵团水利局	3														
地方小计	150	416	8	26171	16219	14	5	13	4018.21	135	384	1202		6950	70294.3
全国合计	274	433	23	120779	67172	27	7	24	8695.11	381	2031	1236		6970	71057.6

附录6　2012年计划单列市水利信息化发展状况

统计项目					大连市水务局	青岛市水利局	深圳市水务局	宁波市水利局	厦门市水利局
水利信息化保障环境统计表	前期工作数量（项）				1	0	2		1
	标准规范数量（项）						8		
	管理规章制度数量（项）						7		
	运行维护能力	信息系统专职运行维护人数（人）			28	4			3
		到位的运行维护资金	总经费（万元）		137.05	150	284.8		95
			专项维护经费（万元）		123.45	150	0		25
	项目及投资情况	新建项目及投资	新建项目数量（项）		4		2	5	3
			计划投资（万元）	中央投资					300
				地方投资	6580		1296.14	1546.2	187.9
				其他投资					
		信息化项目验收	通过验收的项目数量（项）				2	1	1
	机构和人才队伍建设	信息化领导机构名称			信息化工作领导小组	青岛市水利信息化建设领导小组	深圳市水务局信息化建设工作领导小组	水利局	厦门市水利信息化工作领导小组
		领导机构工作部门名称			科技外事处	信息中心	市水务局法规科技处	信息中心	局办公室
		技术支持及运行维护部门名称			通信管理中心	信息中心	运维部	信息中心	厦门市洪水预警报中心
		人员情况（人）	职工总人数		4289	4	6	4	5
			本科以上学历人数		1258	4	6	4	5
			主要从事信息化工作的人数		45	4	14	3	3
		2012年度接受信息化专题培训的人次（人次）			80	4	73		3
	信息化发展状况评估工作开展	开展年度信息化发展程度评估（价）					√		
		制定了信息化发展程度评估指标体系及评估管理办法					√		
		进行本单位年度水利信息化发展程度的定量化评估					√		
		进行辖区内年度水利信息化发展程度的定量化评估					√		

续表

统计项目					大连市水务局	青岛市水利局	深圳市水务局	宁波市水利局	厦门市水利局
水利信息系统运行环境统计表	网络规模及联通	内网	直属单位连接情况（个）	直属单位数	13	8		11	5
				以局域网联入内网的直属单位数	2			5	5
				以广域网联入内网的直属单位数	0	8		0	
			地（市）县连接情况（个）	地市数	12				
				已联入内网的地市数（下属单位）	12				
				县（市）数		8		11	
				已联入内网的县（市）数		8		0	
			广域网连接带宽总宽带（MB）		2	100			
			内网服务器套数（套）		10	3		0	8
			内网联网计算机台数（台）		120	180		5	120
		外网	直属单位连接情况（个）	直属单位数	13	8		11	5
				以局域网联入外网的直属单位数	0			8	4
				以广域网联入外网的直属单位数	0	8		1	
			地（市）县连接情况（个）	地市数（下属单位）	12				
				已联入外网的地市数（下属单位）	12				
				县（市）数量		8		11	
				已联入外网的县（市）数		8		11	
			广域网连接带宽总宽带（MB）		10	100		1100	
			外网服务器套数（套）		2	20		16	5
			外网联网计算机台数（台）		100	180		800	25
			外网因特网接入总带宽（MB）		10	100		100	110
	视频系统建设	直属单位数（个）			13	2		11	
		已联入系统的直属单位数（个）			1	1		2	
		地市数（个）			12				
		接入系统的地市数（流域机构已连接的省级水行政主管部门数）（个）			12				
		县市数（个）				8		11	6
		接入系统的县市数（个）				8		11	6
		本级组织召开的视频会议数量（次）			12	15		20	30
		参加会议人次（人次）			452	700		2000	1000
		高清视频会议系统节点总数（个）			20			13	6
	移动及应急网络	移动终端（台）			20	80	9	150	
		移动信息采集设备套数（套）			0		0	100	3

续表

统计项目				大连市水务局	青岛市水利局	深圳市水务局	宁波市水利局	厦门市水利局
水利信息系统运行环境统计表	存储能力调查表(GB)	内网存储		20334	200	2100	0	1000
		外网存储		1207.5	2000	1600	40000	100
	系统运行安全保障设施	内网	安全保密防护设备数量(套)	1	1	1		
			采用CA身份认证的应用系统数量(个)		1			
			是否进行分级保护改造	是		是		
			是否通过分级保护测评	是		是		
			是否实现统一的安全管理	是	是	是		
			是否配有本地数据备份系统	是	是	是		
			是否配有同城异地数据备份系统					
			是否配有远程异地容灾数据备份系统					
			是否开展保密检查		是	是	是	
			是否开展应急演练		是	是		
		外网	安全防护设备数量(套)	1	2	3	10	
			采用CA身份认证的应用系统数量(个)					
			是否实现统一的安全管理	是	是	是		
			是否配有本地数据备份系统	是	是	是	是	
			是否配有同城异地数据备份系统				是	
			是否配有远程异地容灾数据备份系统					
			是否开展了安全检查	是	是	是	是	
			是否制定了应急预案	是	是	是	是	
			是否组织过应急演练		是	是		
			是否组织开展了信息安全风险评估工作			是	是	
		等级保护情况 三级信息系统	总数量(个)	3				1
			已整改的系统数量(个)					
			已通过测评的系统数量(个)					
		等级保护情况 二级信息系统	总数量(个)	6	3	12	3	1
			已整改的系统数量(个)				0	
			已通过测评的系统数量(个)			12	0	
		等级保护情况 未定级信息系统	总数量(个)	12	1	1		
			已整改的系统数量(个)					
			已通过测评的系统数量(个)					
信息采集与工程监控	信息采集点(处)	雨量	总采集点		181	49	390	100
			自动采集点		181	49	390	100
		水位	总采集点		20	29	308	118
			自动采集点		20	29	308	118

续表

统计项目				大连市水务局	青岛市水利局	深圳市水务局	宁波市水利局	厦门市水利局
信息采集与工程监控	信息采集点（处）	流量	总采集点			42	6	
			自动采集点			42	4	
		地下水埋深	总采集点		302	38		
			自动采集点		302	8		
		水保	总采集点			1	2	
			自动采集点				0	
		水质	总采集点		107	4	90	
			自动采集点		6	4	4	
		墒情（旱情）	总采集点		16			
			自动采集点		8			
		蒸发	总采集点			3	14	
			自动采集点			3	1	
		其他	总采集点					
			自动采集点					
			采集点名称					
	信息化监控系统数及信息化监控点数（个）		监控系统数		1	8	20	45
			监控点总数		32	440	193	80
			独立（移动）点数				16	2
资源共享服务体系统计表	数据中心支撑的业务应用类型覆盖	防汛抗旱指挥与管理系统		是	是	是	是	是
		水资源监测与管理系统		是	是	是	是	
		水土保持监测与管理系统						
		农村水利综合管理系统			是		是	
		水利水电工程移民安置与管理系统						
		水利电子政务系统		是	是	是	是	是
		水利工程建设与管理系统		是	是		是	
		水政监察管理系统			是	是	是	
		农村水电业务管理系统					是	
		水文业务管理系统		是		是	是	
		水利应急管理系统		是	是			
		水利遥感数据管理与应用系统		是	是		是	
		水利普查数据管理与应用系统			是		是	
		山洪监测数据管理与应用系统		是	是		是	
	数据库建设	数据库数量（个）		21	10	52	10	4
		库存总数据量（GB）		1265	100	37	2000	50
	数据中心信息服务方式	已建立数据中心			是		是	
		实现业务系统联机访问			是	是	是	
		提供目录服务					是	
		提供非授权联机查询			是			
		提供非授权联机下载						

续表

统计项目			大连市水务局	青岛市水利局	深圳市水务局	宁波市水利局	厦门市水利局
资源共享服务体系统计表	数据中心信息服务方式	提供授权联机查询		是			
		提供授权联机下载					
		提供主题服务					
		提供数据挖掘和智能分析服务					
		提供离线服务					
	门户服务应用	已建立统一的门户服务支撑系统		是	是	是	是
		已建立统一的对外服务门户网站	是	是	是	是	是
		已建立统一的对内服务门户网站		是	是		是
		实现基于门户服务的信息安全管理集成		是	是		
		实现基于门户服务的数据中心管理与服务集成		是	是	是	
		实现基于门户服务的业务系统应用集成		是	是	是	是
		实现基于门户服务的政务系统应用集成		是	是		是
		实现基于门户服务的移动业务应用集成		是			
		实现基于门户服务的应急管理业务应用集成		是			
		实现基于门户服务的运行环境管理平台集成		是	是	1	
综合业务应用体系统计表	水利网站	单位总数（个）	26	17	1	22	6
		有网站的单位数（个）	6	17	1	14	1
		2012 年度门户网站或主网站访问数量（人次）		80000	173539	500000	200000
	水行政主管部门门户网站信息公开及交流互动	有信息公开目录	是	是	是	是	是
		有机构介绍	是	是	是	是	是
		有政策法规	是	是	是	是	是
		公开水利规划	是	是	是	是	是
		有水利统计信息	是	是	是	是	是
		有人事管理情况	是	是	是	是	是
		有财政预算、决算情况		是	是	是	是
		有行政事业性收费情况	是		是	是	是
		具有依申请公开信息的功能	是	是	是	是	是
		有地区、行业宣传	是	是	是	是	是
		有交流互动板块	是	是	是	是	是
	水行政主管部门行政许可网上办理	行政许可数（项）	32	6	21	27	14
		网站公开及介绍的行政许可数（项）	32	6	21	27	14
		能够在网上办理的行政许可数（项）	1	6	21	27	10
	办公系统使用情况	本单位内部是否实现了公文流转无纸化		是	是	是	是
		单位与上级领导机关之间是否实现了公文流转无纸化	是	是	是	是	是
		上级水利行业领导机关的单位总数（个）	2	3	1	3	3
		与本单位之间实现的上级水利行业领导机关单位数（个）		2	1	0	
		与本单位间实现了的直属单位数（个）		6	13	11	5
		下级水行政主管部门单位总数（个）	12	8	8	11	6
		与本单位之间实现的下级水行政主管部门单位数（个）		8	0	11	

续表

统计项目			大连市水务局	青岛市水利局	深圳市水务局	宁波市水利局	厦门市水利局
综合业务应用体系统计表	业务应用系统建设	防汛抗旱指挥与管理系统	是	是	是	是	是
		水资源监测与管理系统	是	是	是	是	
		水土保持监测与管理系统			是		
		农村水利综合管理系统		是		是	
		水利水电工程移民安置与管理系统					
		水利电子政务系统	是	是	是	是	是
		水利工程建设与管理系统	是	是	是	是	
		水政监察管理系统		是	是	是	
		农村水电业务管理系统				是	
		水文业务管理系统			是	是	
		水利应急管理系统	是	是	是		
		水利遥感数据管理与应用系统		是		是	
		水利普查数据管理与应用系统		是	是	是	
		山洪监测数据管理与应用系统	是	是		是	